いかにして解法を思いつくのか
「高校数学」　上

芳沢光雄　著

本文図版作成／長澤貴之
本文デザイン／浅妻健司
カバー装幀／五十嵐 徹（芦澤泰偉事務所）

まえがき

2010年に刊行した拙著『新体系・高校数学の教科書（上下）』は，数学 I，II，III，A，B，C という現行教科書のアラカルト方式でなく，1960 年代以降の高校数学教科書で扱われたほとんどすべての項目を大きな一本の体系として捉え，日常生活と結びつく"生きた題材"を多く取り入れて執筆したものである。

その書は現在でも，社会人，大学生，高校生など幅広い人達に読んでいただいている一方で，それを基礎とする発展的な演習書を期待する声がたまに届けられている。本書の上下 2 巻は，部分的にしろ高校数学に触れた人達を対象として，そのような要望に応える書として完成したものである。

2023 年 3 月に大学教員人生 45 年が終わり，文系・理系ほぼ半々ずつ合わせて 1 万 5 千人の学生を教えたことになる。同時に，1990 年代半ばから始めた小中高校への出前授業でも，合わせて 1 万 5 千人ぐらいの生徒を教えたことになる。その間を振り返ると，問題に取り組む学生や生徒の姿勢に顕著な傾向を感じる。誰でも考えることができる試行錯誤の問題を授業中に出すと，かつては「いま考えているから，答えは言わないでください」とよく言われたものの，昨今は問題を出した直後から「この問題の解き方を教えてください」という意見を多くいただくようになった。さらに拙著『昔は解けたのに……　大人のための算数力講義』では，全国学力テストの割合や濃度に関する試験結果なども示しながら，算数

段階からの「暗記」中心の学習スタイルに陥っているマイナス面を述べている。

そのような背景をも鑑みて，本書は以下のようなコンセプトをもって構成した次第である。

1. 基礎的計算問題や「やり方」を真似るだけで解くような単純な問題は扱わないものの，教科書の章末問題よりやや難しいレベルで，考える楽しさを味わうような例題を中心に揃える。
2. 例題の解説においては，試行錯誤の精神を礎にして，プロセスの理解を重視した丁寧な説明文を心掛けた。さらに，さまざまな「発見的問題解決法」の視点を意識できることを目標とした。
3. 本書の章立ては拙著『新体系・高校数学の教科書（上下）』に沿って構成し，各章の冒頭には同書同章から用語の説明，定理や公式のリストを抜粋して「まとめ」として記述した。それによって，読者にとって他書を一々参照する手間を省いたと考える。
4. 本書の読み方であるが，各章の「まとめ」は基本的に必要に応じて参照するところであり，順に読み進めるところではない。せいぜい一通り目を通すところだと考える。自信のある読者は例題を自力で解いてから解説を読むとよいだろう。反対に，あまり自信のない読者は例題の問題文を読んで，少し考えてから解説を読んで解法への取り組みを学ぶとよいだろう。「少し考えてから」は大切で，問題文を読んで直ちに解説を読むと，頭にはあまり残らないことになるだろう。

ここで,「発見的問題解決法」について紹介しておく。これは「やり方」の暗記に頼る学びとは違うもので,問題の解法に至るヒントをどのようにして得たかをまとめたものである。人それぞれによってその分類は異なるが,筆者としては次の 13 個を考えている。

① 帰納的な発想を用いる。
② 定義や基礎に戻る。
③ 背理法を用いる。
④ 条件を使いこなしているか。
⑤ 図を用いて考える。
⑥ 逆向きに考える。
⑦ 一般化して考える。
⑧ 特殊化して考える。
⑨ 類推する。
⑩ 兆候から見通す。
⑪ 効果的な記号を使う。
⑫ 対称性を利用する。
⑬ 見直しの勧め。

　もちろん,上の 13 個はいくつか重複することもある。参考までに以下,それぞれの簡単な説明を述べよう。「まえがき」という性格上,適当に読み進めていただいても構わないと考える。

　① については,その例を挙げる。
　平面上に異なる n 本の直線があって,どの 2 本も平行でな

く，どの3本も同一の点で交わらないとする。このとき，それらn本によって平面は

$$\frac{1}{2}(n^2+n+2)$$

個の部分に分けられる，という結論が証明できる。

$n=1$のとき平面は2個の部分に分けられ，$n=2$のとき平面は4個の部分に分けられ，$n=3$のとき平面は7個の部分に分けられ，$n=4$のとき平面は11個の部分に分けられることが，具体的に直線を1本ずつ増やして描いていくと分かる。

要するに，$n=1$から$n=2$の図で2個の部分が増え，$n=2$から$n=3$の図で3個の部分が増え，$n=3$から$n=4$の図で4個の部分が増えるのである。

この段階で次のことが分かるだろう。平面上に異なるk本の直線$l_1, l_2, \ldots, l_k$があって，どの2本も平行でなく，どの3本も同一の点で交わらないとするとき，平面上に，同じ条件を満たす新たな$(k+1)$本目の直線lを追加することによって，平面には新たに$(k+1)$個の分かれた部分ができる。

本当は，ここまで観察したところで，次の数学的帰納法の証明文を書くことが適当である。

$n=1$のとき，

$$\frac{1}{2}(n^2+n+2)=2$$

であるから結論は成り立つ。

次に，平面上に異なるk本の直線$l_1, l_2, \ldots, l_k$があって，どの2本も平行でなく，どの3本も同一の点で交わらないとするとき，それらk本によって平面は

$$\frac{1}{2}(k^2+k+2)$$

個の部分に分けられると仮定する。

いま平面上に，同じ条件を満たす新たな $(k+1)$ 本目の直線 l を追加することを考えると，上で述べたことから，平面は

$$\frac{1}{2}(k^2+k+2)+(k+1)$$
$$=\frac{1}{2}\{(k+1)^2+(k+1)+2\}$$

個の部分に分けられる。すなわち，$n=k+1$ のときにも結論が成り立つ。したがって数学的帰納法により，すべての自然数 n について結論は成り立つ。

一般に数学的帰納法による証明を考えるとき，上で述べたように，$n=1$ だけでなく $n=1,2,3$ ぐらいで具体的に確かめてから，$n=k$ の場合に議論を進めるほうが，分かりやすいだろう。

② については，その例を挙げる。

1990 年代後半の日本は，長引く景気低迷から超低金利の状態が続いていた。銀行の定期預金も郵便局の定期貯金も，1 ヵ月ものでも 1 年ものでも年利率 0.3% ぐらいの水準であった。ところが郵便局の定期貯金を上手に利用すれば，仮に 1 ヵ月ものや 1 年ものの年利率が 0.012% であったとしても，年利率 1.2% の利息を得る方法があった。ちなみに，そのような方法での預金は 1999 年から規制されたが，以下述べるものである。

たとえば 100 万円もっている人が，それを 1 年ものの定期貯金 1 口として預けると，利息は

$$100 万 \times 0.00012 = 120 （円）$$

となる。一方，1 口 1000 円の 1 ヵ月ものの定期貯金 1000 口として預けると，1 ヵ月の 1 口についての利息は

$$1000 \times 0.00012 \div 12 = 0.01 （円）$$

となる。ここで 0.01 円は 1 銭であるが，「国等の債権債務等の金額の端数計算に関する法律」によって，1 銭は 1 円に切り上げられる。そのような定期貯金が 1000 口あると考えて，100 万円に対する 1 ヵ月の合計利息は 1000 円となる。この方法を 12 ヵ月繰り返すと，1 年の合計利息は 1 万 2000 円になり，年利率 1.2% 相当の利息を得ることになる。参考までに，銀行ならば 1 円未満は切り捨てられるので，この方法は意味がない。

③については，その例を挙げる。

背理法とは，仮定から結論を導くために，結論を否定して推論を積み重ねて矛盾を導いて，結論の成立をいう証明法である。

ある日，お母さんは小学生の兄と妹に，「今日は家でパーティーがあるのよ。5000 円を渡すから，お団子屋さんで 270 円のお弁当を 7 個と，他に 60 円のお団子と 90 円の草もちも適当にまぜて買ってきてちょうだい」とお使いを命じた。二人は，270 円のお弁当 7 個と，60 円のお団子と 90 円の草もちをそれぞれ 18 個ずつ買って，中が見えないように袋に

入れてもらった。そして二人は，お釣りをごまかすことにして，近くのコンビニで 1 本 100 円のアイスキャンディーを 1 本ずつ買って食べてしまった。二人は帰宅するとすぐに，「お母さん，袋の中にお団子と草もちとお弁当が入っています。ハイ，お釣りの 210 円です」と言って，お母さんに 210 円を渡した。するとお母さんは袋の中を見ることもせず，いきなり「ちょっと，お釣りが 210 円は変よ」と叱った。なぜ，お母さんはそのように叱ることができたのだろうか。

それは，お弁当とお団子と草もちの値段はどれも 30 円の倍数である。そこで，合計代金も 30 円の倍数になる。そして，お釣りの 210 円も 30 円の倍数である。したがって，それらを合わせた合計金額も 30 円の倍数になるが，5000 円は 30 円の倍数ではないので，矛盾である。それゆえ，お母さんは叱ったのである。

上の小話を整理すると，お母さんは「二人からのお釣りは正しくない」という結論を証明するために，「二人からのお釣りが正しいならば，お釣りは 30 円の倍数にならない」という議論によって矛盾を導いて証明したのである。2002 年度の東京理科大学理学部数学科の一般入試では「背理法とは何かを 20 字以上 100 字以内で説明せよ」という記述式の問題が出題され，いろいろ話題になったことを思い出す。

④ については，その例を挙げる。

誕生日当てクイズは昔からいくつもあるが，1990 年代後半に自身の暗算能力にマッチしてつくったもので，何冊もの拙著に書いてきたものを紹介しよう。

質問 生まれた日（の数）を 10 倍して，それに生まれた月（の数）を加えてください。その結果を 2 倍したものに生まれた月（の数）を加えると，いくつになりますか。

生まれた月を x，生まれた日を y とすると，この質問では

$$(10 \times y + x) \times 2 + x = 3x + 20y$$

を尋ねている。そして，次のように考えると，誕生日の月と日が見つかる。

答えの $3x + 20y$ を 20 で割った余りは，$3x$ を 20 で割った余りと等しくなる。x は 1 以上 12 以下の整数なので，それらの余りは全部異なる。実際，$3, 6, 9, \cdots, 36$ それぞれを 20 で割って余りを求めると，すべて異なる。それを用いると，x の値が判明する。そこで，y の値も判明するのである（詳しくは前述の算数に関する拙著等を参照）。

「質問」の答えから得る方程式は 1 つであるが，x と y に制限が付くので，x と y の値が分かるのである。誕生日当てクイズは，出前授業で生徒からいつも喜ばれる話題である。

⑤について。

昔から「数学の問題に関しては，図を描いて考えるとよい」とよく言われてきた。これに関しては，次のように分けて考えたい。

(ア) 図を描くことによって，ミスのない思考をする。いくつかの場合に分けて考えるときの樹形図や，応用数学のスケジュール計画である PERT 法や，最短経路問題などを思い

つく。

(**イ**) 実際の図形の検討したい部分を扱いやすい大きさに表現する。編み物における毛糸と毛糸の位置関係とか，山頂からの視界など，検討したい部分のみをクローズアップして考えることである。

(**ウ**) よいアイデアを生み出すためのヒントを模索する。算数の文章問題や中学の図形問題などで，解決に結びつくよい図を描いた経験はあるだろう。

(**エ**) 各種の統計的なデータを整理して何らかの傾向をつかむ。小学校から学んできた棒グラフ，柱状グラフ，折れ線グラフ，帯グラフ，円グラフなどばかりでなく，所得格差を測るジニ係数を求めるときに用いるローレンツ曲線を含めて，いろいろな特徴を示すことができる。

⑥ について。

新幹線→在来線特急→ローカル線普通列車を乗り継いでA地点からB地点に向かう列車時刻を調べるとき，B地点に間に合うように到着するギリギリのローカル線普通列車→その普通列車に間に合うギリギリの在来線特急→その特急に間に合うギリギリの新幹線の順に調べればよい。そのように，日常生活でも逆向きに考えることはいろいろな場面である。数学の問題を考えるときも同じで，「問題を解決するには〜が分かれば，あとは大丈夫」というような〜が見つかることがある。その過程では，「問題を解決するには何が分かればよいだろうか」というように，逆向きに考えているのである。

⑦ について。

鶴亀算，旅人算，仕事算，植木算などの個々別々の算数文章題を，1次方程式として解くことは，意義ある一般化である。数学では，一般化された世界のほうが強力な道具が用意されている場合がある。たとえば不定形の極限の問題を解くとき，いわゆる「ロピタルの定理」を用いるとすぐに解を得る場合が多々ある（拙著『新体系・大学数学入門の教科書（上）』を参照）。もっとも本書では，高校数学という立場を踏まえた記述をしている。

　⑧について。
　およそ数学マークシート問題では，文字変数に具体的な数字を代入すると答えがバレることがよくある。とくに解答群のそれぞれに文字変数が入っている場合は，ほぼ確実である。もちろん，これは後ろめたいことなのでお勧めできるものではない。一方，一般論で語られている普通の数学問題を解こうとするとき，まずは具体的な数値などを入れた特殊な状況を考えると，当初の一般論で語られている問題の解決法がひらめくことがよくある。

　⑨について。
　xy 座標平面上の点 $\mathrm{P}(x_1, y_1)$ と直線 $ax + by + c = 0$ の距離 d は，

$$d = \frac{|ax_1 + by_1 + c|}{\sqrt{a^2 + b^2}}$$

で与えられる。次の定理はこれから類推できるのではないだろうか。

まえがき

> **[定理]**
>
> xyz 座標空間において，点 $\mathrm{P}(x_1, y_1, z_1)$ と方程式 $ax + by + cz + d = 0$ で表される平面の距離 k は，
> $$k = \frac{|ax_1 + by_1 + cz_1 + d|}{\sqrt{a^2 + b^2 + c^2}}$$
> で与えられる。

類推は，構造的な分野でよく見受けられる。

⑩ について。

よく知られているように，フィボナッチ数列は次の数列である。

$\{a_n\}: 1, 1, 2, 3, 5, 8, 13, 21, 34 \cdots$

この数列に関しては，

$$\lim_{n \to \infty} \frac{a_{n+1}}{a_n} = \frac{\sqrt{5} + 1}{2} = 1.61803398 \cdots$$

というように，いわゆる黄金比に現れる $\dfrac{\sqrt{5} + 1}{2}$ が極限値となるところが面白い。実際，数列 $\left\{\dfrac{a_{n+1}}{a_n}\right\}$ を具体的に調べていくと，

$\dfrac{1}{1} = 1, \quad \dfrac{2}{1} = 2, \quad \dfrac{3}{2} = 1.5, \quad \dfrac{5}{3} = 1.666 \cdots,$

$\dfrac{8}{5} = 1.6, \quad \dfrac{13}{8} = 1.625, \quad \dfrac{21}{13} = 1.61538 \cdots$

を得る。それから，$\dfrac{\sqrt{5}+1}{2}$ が関係するのではないかと見通した上で，漸化式の解法を用いて

$$a_n = \dfrac{1}{\sqrt{5}}\left\{\left(\dfrac{\sqrt{5}+1}{2}\right)^n - \left(\dfrac{1-\sqrt{5}}{2}\right)^n\right\}$$

を示すことも面白いだろう。

また，本書でも三角関数のところで取り上げるが，「加法定理」，「和積の公式」，「積和の公式」などについては，それらの証明を全部覚えていなくても部分的にでも理解しておくと，他のものの証明を考えるときに，部分的に理解している証明が一つの兆候として参考になるはずである。

兆候は，変化が現れる分野でよく見受けられる。

⑪について。

日常生活では制限速度の標識，数学では和を示す $\sum$（シグマ記号）や微分を示す $'$（ダッシュ記号）などは，ごく自然に使っているだろう。しかしよく考えてみると，それらによっていろいろな場面で役立っていることに留意したい。便利な数学記号を考案したお陰で，面白い性質の発見につながった例はたくさんあるだろう。

⑫について。

化学でダイオキシンの異性体は全部で何種類あるかを構造式を見て数えるときや，正多面体を合同に変換する個数はいくつあるかを数えるときのように，"対称性"を利用して正確に数えることが便利である。さらに，対称性を利用して数え

たり考えたりすることは，意外と思わぬ発見につながることがある。筆者も，あみだくじの発想だけを用いて大学数学の「偶置換・奇置換の一意性」を証明したことを思い出す (拙著『離散数学入門』を参照)。

⑬ について。

数学の研究でも，すでに発表されている論文に大きな間違いが見つかって，それがきっかけになって新たな定理が生まれることがいくつもあった。人間は神様ではないので，見直しこそ大切である。

筆者はかつて，いわゆるガロア理論を通して 13 個の発見的問題解決法を学ぶことができると示したことがある (数学セミナー 2023 年 6 月号「ガロア理論から学ぶ発見的問題解決法」を参照)。発見的問題解決法は，数学だけでなく，もっと幅広い分野にも応用されることを期待したい。少なくとも，「やり方」の暗記だけの学習法を「理解」の学習法に見直すきっかけにはなるだろう。

本書の上下 2 巻を一読されることによって，多様な数学の問題に対して落ち着いて取り組むことができるようになると信ずる。

いかにして解法を思いつくのか
「高校数学」 上

目次

まえがき 3

第1章 数と式
まとめと発見的問題解決法 19

◎有理数と無理数 20
◎整式と分数式 22
　因数分解 26／整式の除法 27

1節 整数 28
2節 整式と分数式 35
3節 数値計算 47

第2章 方程式・不等式と論理
まとめと発見的問題解決法 57

◎2次方程式と2次不等式 58
◎連立方程式と高次方程式 60
◎集合と論理 62

1節 1次・2次方程式とその応用 66
2節 高次・分数・無理方程式とその応用 76
3節 集合と論理 84

第3章 平面図形と関数
まとめと発見的問題解決法 91

◎直線と円 92
◎写像と2次関数 94

◎分数関数と無理関数 98

1節 直線と円 102
2節 写像と2次関数 122
3節 分数関数と無理関数 138

第4章 場合の数と確率

まとめと発見的問題解決法 145

◎順列と組合せ 146
◎確率と期待値 148
◎独立試行の確率 150

1節 順列と組合せ 153
2節 確率と期待値 168

第5章 指数・対数と数列

まとめと発見的問題解決法 187

◎指数と対数 188
 指数法則 189
◎数学的帰納法 193
◎数列 194

1節 指数・対数の定義 198
2節 指数・対数の方程式と不等式 204
3節 指数・対数のグラフ 215
4節 数学的帰納法 220
5節 数列 227

第6章 三角関数と複素数平面

まとめと発見的問題解決法　237

◎三角比　238
◎三角関数　242
◎複素数平面　250

1節　三角比　255
2節　三角関数　264
3節　複素数平面　283

さくいん　298

『いかにして解法を思いつくのか「高校数学」』

下巻の内容
第**7**章　ベクトル・行列と図形
第**8**章　極限と級数
第**9**章　微分とその応用
第**10**章　積分とその応用
第**11**章　確率分布と統計

第 1 章

数と式

まとめと
発見的
問題解決法

● 有理数と無理数

素数とは,$2, 3, 5, 7, \cdots$ のように,1 とその数自身でしか割り切れない自然数(正の整数)のことである。

$$60 = 2 \times 2 \times 3 \times 5$$

のように素数の積として表す**素因数分解**は一意的,すなわち誰が行ってもその結果は同じでただ 1 通りであることが知られている(証明は『新体系・高校数学の教科書(上)』の補章を参照)。

[定理 1]

任意の整数 a と自然数 b に対し

$$a = qb + r \quad (0 \leqq r < b)$$

となる整数 q, r が一意的に存在する。なお,証明は『新体系・高校数学の教科書(上)』の補章を参照(後述の定理 2 も同様)。

有理数,すなわち

$$\frac{整数}{整数}$$

として表される数の世界は,

$$-\frac{7}{8} = -0.875, \quad \frac{1}{125} = 0.008$$

のような**有限小数**と，

$$-\frac{1}{11} = -0.0\dot{9} = -0.09090909\cdots$$

$$\frac{2}{7} = 0.\dot{2}8571\dot{4} = 0.285714285714285714\cdots$$

のような**循環小数**の世界に分かれる。

　数直線を有理数だけで埋めることはできない。整数／整数の形で表せない数を**無理数**と呼び，有理数の世界と無理数の世界を合わせたものが**実数**の世界である。

　$\sqrt{2}$ が無理数であることの証明でも用いられる**背理法**とは，結論が成り立たないと仮定して矛盾を導くことで結論の成立をいう証明法である。

交換法則　$a + b = b + a$
　　　　　　$ab = ba$
結合法則　$(a + b) + c = a + (b + c)$
　　　　　　$(ab)c = a(bc)$
分配法則　$a(b + c) = ab + ac$
　　　　　　$(a + b)c = ac + bc$

実数 a に対し，その**絶対値** $|a|$ は次のように定義する。

$|a| = a \quad (a \geqq 0)$

$|a| = -a \quad (a < 0)$

$a \geqq 0$ のとき，2乗して a になる数を a の**平方根**という。正の数 a の**正**の平方根を $\sqrt{a}$，**負**の平方根を $-\sqrt{a}$ と表し，

$$\sqrt{0} = 0$$

とする。

> **[公式 1]**
>
> $a > 0, b > 0$ のとき,
>
> $$\sqrt{a}\sqrt{b} = \sqrt{ab}, \quad \frac{\sqrt{a}}{\sqrt{b}} = \sqrt{\frac{a}{b}}$$

分母を根号 $\sqrt{}$ のない形に直すことを分母の**有理化**という。

$\sqrt{u + 2\sqrt{v}}$ あるいは $\sqrt{u - 2\sqrt{v}}$ において $(u > 0, v > 0)$

$$a + b = u, \quad ab = v$$

となる正の数 a, b $(a \geqq b)$ が見つかれば,

$$\sqrt{u + 2\sqrt{v}} = \sqrt{a} + \sqrt{b}$$
$$\sqrt{u - 2\sqrt{v}} = \sqrt{a} - \sqrt{b}$$

と表される。そのように表すことを，一般に二重根号を外すという。

● 整式と分数式

$$-2, \quad x^2 y, \quad -5abc^2$$

のような，いくつかの文字や数を掛け合わせて得られる式を

単項式という。単項式において，掛け合わせた文字の個数をその**次数**といい，数字の部分を**係数**という。

いくつかの単項式の和の形に表される式を**多項式**といい，それを構成する各単項式をその多項式の**項**という。そして，単項式と多項式を合わせて**整式**という。なお多項式は，高校までの教育では「2つ以上」の単項式の和として扱われているが，数学の世界では「1つ以上」である。

$$3xy^2 - 2x^2y + 4xy^2 - 3x^2y + 8x - 4x + 1$$
$$= 7xy^2 - 5x^2y + 4x + 1$$

というように，**同類項**すなわち文字の部分が同じ項どうしをまとめることができる。これを，**整式を整理する**という。

整式の次数は，整理した形での各項の一番高い次数によって定める。整式

$$x^3y^2 + x^8 - 2x^2y - 5x^2y - x^8 + y^4$$
$$= x^3y^2 + y^4 - 7x^2y$$

の次数は5で，これをyの整式と見なすと次数は4で，xの整式と見なすと次数は3となる。

整式において，注目した文字を含まない項を**定数項**という。たとえば，整式

$$7xy^2 - 5x^2y + 4x + 1$$

をxの整式と見なすと定数項は1であり，yの整式と見なすと定数項は$4x + 1$となる。

2つの多項式

$$7xy^2 - 5x^2y + 4x + 1,$$
$$-5x^2y + 7xy^2 + 4x + 1$$

は等しいが，上は y に注目して項を次数の高い順に並べたもので，下は x に注目して項を次数の高い順に並べたものである。

このようにすることを，整式を**降べきの順**に整理するといい，逆に1つの文字に注目して項を次数の低い順に並べることを，整式を**昇べきの順**に整理するという。

整式の積の形になっている式を単項式の和の形に表す**展開**，あるいは整式をいくつかの1次以上の整式の積に直す**因数分解**は，すでにやさしい式を対象として中学校で学んだことだろう。因数分解という言葉を使うときは，それ以上の因数分解ができない既約な整式の積の形まで分解することが普通である。また，

$$x^2 - 3 = (x + \sqrt{3})(x - \sqrt{3})$$

のように，その係数が有理数の範囲なのか，実数の範囲なのかが問われることもあるので，注意が必要だ。

因数分解の基本は，

$$ab + ac - ad = a(b + c - d)$$

のように，共通因数をくくり出すことである。

[公式2]

(i) $(a+b)^2 = a^2 + 2ab + b^2$

(ii) $(a-b)^2 = a^2 - 2ab + b^2$

(iii) $(a+b)(a-b) = a^2 - b^2$

(iv) $(x+p)(x+q) = x^2 + (p+q)x + pq$

(v) $(ax+b)(cx+d) = acx^2 + (ad+bc)x + bd$

(vi) $(a+b)^3 = a^3 + 3a^2b + 3ab^2 + b^3$

(vii) $(a-b)^3 = a^3 - 3a^2b + 3ab^2 - b^3$

(viii) $(a+b)(a^2 - ab + b^2) = a^3 + b^3$

(ix) $(a-b)(a^2 + ab + b^2) = a^3 - b^3$

(x) $(a+b+c)^2 = a^2 + b^2 + c^2 + 2ab + 2bc + 2ca$

(i)と(ii)のように，ある整式の2乗の形を**完全平方式**といい，放物線の頂点の座標を求めるときを始め，いろいろな場面で現れる。

(i)と(ii)，(vi)と(vii)，(viii)と(ix)はそれぞれ**複号**（±と∓）を用いて，次のようにまとめて表すことがある。

$$(a \pm b)^2 = a^2 \pm 2ab + b^2$$

$$(a \pm b)^3 = a^3 \pm 3a^2b + 3ab^2 \pm b^3$$

$$(a \pm b)(a^2 \mp ab + b^2) = a^3 \pm b^3$$

因数分解

$$12x^2 + xy - 6y^2 = (3x - 2y)(4x + 3y)$$

の因数分解は,最初に x の 2 次式と見て,次の**たすき掛け**の方法で因数分解をしている。

$$\begin{array}{cc} \text{掛けて } 12 & \text{掛けて } -6y^2 \\ 3 \diagdown -2y \\ 4 \diagup 3y \end{array}$$

たすき掛けにした積の和が y

$$x^3 + 8 = (x+2)(x^2 - 2x + 4)$$

であるので,$x^3 + 8$ は $x + 2$ で**割り切れる**といい,$x + 2$ は $x^3 + 8$ の**約数**,$x^3 + 8$ は $x + 2$ の**倍数**,$x^2 - 2x + 4$ は $x^3 + 8$ を $x + 2$ で割った**商**という。

[定理 2]

1 つの文字 x の(1 次以上の)整式 A, B に対し,

$A = QB + R$ (R の次数 $<$ B の次数)

となる整式 Q, R が一意的に存在する。

定理 2 で,Q, R をそれぞれ,A を B で割ったときの**商**,**余り**という。

整式の除法

　整数の世界と同じように，2つ以上の整式の最大公約数や最小公倍数が次のように定められる。2つ以上の整式に関して，すべてに共通な約数のうちで次数が最も高いものを**最大公約数**といい，すべてに共通な倍数のうちで次数が最も低いものを**最小公倍数**という。また，2つの整式の最大公約数が定数であるとき，それら2つの整式は**互いに素**であるという。

　A を整式，B を 0 でない整式とするとき，

$$\frac{A}{B}$$

の形で表されるものを**分数式**または**有理式**といい，A, B をそれぞれ**分子**，**分母**という。分数式における**約分**，いくつかの分数式における**通分**は，分子と分母が整数である分数と同じように定める。また，分子と分母が互いに素である分数式を**既約分数式**という。

1節　整数

　紀元前 8000 年頃から始まる新石器時代の近東では，個々の物品それぞれに対応する「トークン」と呼ばれる粘土製品との 1 対 1 の対応によって物の管理をしていた．それが「整数」の萌芽を促すことに繋がり，紆余曲折を経て $1, 2, 3, 4, \cdots$ という整数が完成したのである．

　整数は物理量を扱う連続する実数とは異なり，ものの個数を数える離散数学，デジタル社会に必須の符号理論や暗号理論などの基礎となる．整数の議論には「割り切れるか否か」ということが本質にあり，演習を通して学ぶ．

例題 1　$3b = a(3a - 2), 6 < a < 10$ を満たす整数 b はいくつあるか．

解説　最初に a と b を実数として，a が $6 \leqq a \leqq 10$ の範囲を動くとき，与式における b の動く範囲を考えてみよう．このとき，a の値が大きくなれば b の値は大きくなることに注目する．

　　$a = 6$ のとき，$b = 6 \cdot (18 - 2) \div 3 = 32$

　　$a = 10$ のとき，$b = 10 \cdot (30 - 2) \div 3 = \dfrac{280}{3} = 93\dfrac{1}{3}$

である．

　そこで $6 < a < 10$ のとき，b を整数に限定すると，

　　$b = 33, 34, 35, \cdots$，または 93

を得る．よって，求める解は，$93 - 33 + 1 = 61$ 個である．

なお，この問題は視覚的に考えることもできる。

与式の a, b をそれぞれ x, y とおくと，
$$3y = x(3x-2)$$
$$y = x^2 - \frac{2}{3}x$$

という2次関数を表す式になる。それによってグラフの視点を用いると，概略図が得られ，ここから解くこともできる。

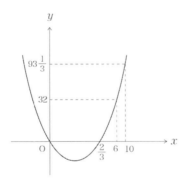

例題2 自然数は正の整数のことである。連続する3つの自然数それぞれの3乗の和は9の倍数であることを証明せよ。

解説 まず，連続する3つの自然数は，$n, n+1, n+2$ あるいは $n-1, n, n+1$ と表せる。どちらの場合にせよ，それぞれの3乗の和が9の倍数になることを示せばよいのである。後者のほうがやや簡単であるが，ここでは前者の立場で考えていこう。

$$n^3 + (n+1)^3 + (n+2)^3$$
$$= n^3 + n^3 + 3n^2 + 3n + 1 + n^3 + 6n^2 + 12n + 8$$
$$= 3n^3 + 9n^2 + 15n + 9$$
$$= 3(n^3 + 3n^2 + 5n + 3)$$

となるので，$n^3 + 3n^2 + 5n + 3$ が 3 の倍数になること，それゆえ

$$n^3 + 5n = n(n^2 + 5)$$

が 3 の倍数になることを示せばよい。ここで，

$n = 1$ のとき，上式右辺 $= 1 \times 6$

$n = 2$ のとき，上式右辺 $= 2 \times 9$

$n = 3$ のとき，上式右辺 $= 3 \times 14$

$\vdots$

と考えてみると，n が 3 の倍数の場合は証明は終わる。そこで，n が 3 の倍数でない場合を以下考えてみよう。3 の倍数でないことは，「3 で割ったときに余りが 1 または 2」と考えればよい。

ちなみに，いくつかの場合に分けて考えることは，それぞれに特殊な条件をつけて考えるので，それだけ使えるものが増えることになる。

n が 3 で割って 1 余るとき，$n = 3m + 1$（m：整数）と表せるので，

$$n^2 + 5 = 9m^2 + 6m + 1 + 5 = 3(3m^2 + 2m + 2)$$

n が 3 で割って 2 余るとき，$n = 3m + 2$（m：整数）と表せるので，

$$n^2 + 5 = 9m^2 + 12m + 4 + 5 = 3(3m^2 + 4m + 3)$$

いずれにしろ，n が 3 で割り切れない場合は，n^2+5 が 3 の倍数になって証明は終わる。

例題3

(1) 奇数の 2 乗は 8 で割って余り 1 となることを証明せよ。
(2) x, y, z, w が自然数で，

$$x^2 + y^2 + z^2 = w^2$$

を満たすとき，x, y, z のうちの少なくとも 2 つは偶数であることを証明せよ。

解説

(1)　奇数は $2n+1$（n：整数）と表せるので，奇数の 2 乗は，
$$(2n+1)^2 = 4n^2 + 4n + 1$$
となる。ここで結論を示すためには，$4n^2+4n$ が 8 の倍数になればよい。
$$4n^2 + 4n = 4n(n+1)$$
が成り立ち，n か $n+1$ は偶数であるので，$4n^2+4n$ は 8 の倍数になる。

(2)　結論が成り立つことを示すためには，「x, y, z のうちの少なくとも 2 つは偶数である」という条件でない場合を考え，それから矛盾を示せばよい。

つまり，x, y, z のすべてが奇数である場合に与式は成り立つとして矛盾を導き，さらに，x, y, z のうちの 2 つが奇数である場合に与式は成り立つとして矛盾を導けばよいので

ある。

 前者の場合，すなわち x, y, z のすべてが奇数である場合，**(1)** によって，x^2, y^2, z^2 はどれも 8 で割って 1 余る整数である。それゆえ，$x^2 + y^2 + z^2$ は 8 で割って 3 余る奇数となる。ところが，w が偶数ならば w^2 は偶数で，w が奇数ならば w^2 は 8 で割って 1 余る整数になるので，矛盾を得る。

 後者の場合は，x と y が奇数で，z が偶数の場合に矛盾を導けばよい（他の場合も同様にして矛盾を導ける）。

 このとき，x^2 と y^2 は 4 で割って余り 1，偶数は $2n$（n は整数）と表すことができ，それの 2 乗は $4n^2$（n は整数）となって，z^2 は 4 の倍数となる。よって，$x^2 + y^2 + z^2$ は 4 で割って余り 2 となる。ところが，w が偶数であっても奇数であっても，w^2 は 4 で割って余り 2 とはならない。したがって，この場合も矛盾を得る。

例題 4 有理数とは $\dfrac{整数}{整数}$ の形で表せる実数のことである。2 つの有理数 a, b の和と積が整数ならば，a と b はともに整数であることを証明せよ。

解説 背理法で証明することを考える。

 この場合は，2 つの有理数 a, b の和と積が整数で，a と b の少なくとも 1 つが整数でない場合を仮定して矛盾を導こう。

 いま，a と b のどちらか 1 つだけが整数でないならば，$a+b$ は整数ではないので，この状況はあり得ない。そこで，a と b はともに有理数であるが整数でない，として議論を進めよう。

ここで，中学数学で学んだ「$\sqrt{2}$ は無理数である」ことの背理法による証明を思い出そう．筆者がよく示す証明法は，

$$\sqrt{2} = \frac{n}{m} \quad (m, n：整数) \quad \cdots\cdots (*)$$

であるとして，

$$\sqrt{2}m = n$$
$$2m^2 = n^2$$

を導いて，上式の両辺を素因数分解したときの，それぞれの素数の個数を考える．m, n を素因数分解したときの素数の個数をそれぞれ s, t とすると，左辺の素数の個数は奇数個 $(2s+1)$ で，右辺の素数の個数は偶数個 $(2t)$ である．これは矛盾であるという方法である．

一方，学校教科書に載っている証明法は，$(*)$ における「m と n は互いに素（共通の素因数はない）」という仮定を設けて矛盾を導く方法である．以下，これを参考にする．

本論に戻ると，「a と b はともに有理数であるが整数でない」としたことから，

$$a = \frac{n}{m} \quad (m と n は互いに素な整数, m \geqq 2)$$
$$b = \frac{t}{s} \quad (s と t は互いに素な整数, s \geqq 2)$$

として議論を進める．「互いに素」という，より強い条件が加わったことに留意したい．

$$a + b = \frac{n}{m} + \frac{t}{s} = \frac{ns + tm}{ms} \quad \cdots\cdots ①$$

$$ab = \frac{nt}{ms} \quad \cdots\cdots ②$$

の両方が整数であるので，① より，m は $ns + tm$ の約数である。よって，m は ns の約数となり，m と n は互いに素な整数であるから，m は s の約数になる。

また ② より，s は nt の約数となり，s と t は互いに素な整数であるから，s は n の約数になる。

したがって，m は n の約数となって，矛盾である。

〈別の考え方〉

以上で例題 4 の証明は終わるが，よく知られている 2 次方程式の解と係数の関係を用いて，以下のように示す方法もある。

$$a + b = \alpha \text{ (整数)}, \quad ab = \beta \text{ (整数)}$$

とおくと，$a = \dfrac{n}{m}$ は 2 次方程式

$$x^2 - \alpha x + \beta = 0$$

の解である（記法は前述のものと同じ）。よって，

$$\left(\frac{n}{m}\right)^2 - \alpha \left(\frac{n}{m}\right) + \beta = 0$$

$$\frac{n^2}{m} - \alpha n + \beta m = 0$$

となる。ここで，αn も βm も整数であるから，$\dfrac{n^2}{m}$ も整数でなければならない。これは，$m (m \geqq 2)$ と n は互いに素であることに反して矛盾である。

第1章 数と式

2節 整式と分数式

算数では，整数，分数，素因数分解，最大公約数，最小公倍数などを学んだ。それらを文字式の世界に一般化させた整式，分数式，因数分解，最大公約数，最小公倍数などを，演習を通して学ぶ。

例題 1 a, b を実数として，2つの2次式
$$f(x) = x^2 + ax + b, \quad g(x) = x^2 + bx + a$$
がある。$f(x^2)$ が $g(x)$ で割り切れるためには，a, b はどのような値であるか。

解説
$$f(x^2) = x^4 + ax^2 + b$$
なので，実際に $f(x^2)$ を $g(x)$ で割ってみよう。

$$
\require{enclose}
\begin{array}{r}
x^2 - bx + b^2 \\
x^2+bx+a \enclose{longdiv}{x^4 + ax^2 + b} \\
\underline{x^4 + bx^3 + ax^2 } \\
-bx^3 \\
\underline{-bx^3 - b^2x^2 - abx } \\
b^2x^2 + abx + b \\
\underline{b^2x^2 + b^3x + ab^2} \\
abx - b^3x + b - ab^2
\end{array}
$$

余り $= b(a - b^2)x + b(1 - ab)$

となるので,実数 a, b は次の 2 つの式を満たせばよい。

$$\begin{cases} b(a - b^2) = 0 & \cdots\cdots ① \\ b(1 - ab) = 0 & \cdots\cdots ② \end{cases}$$

$b = 0$ の場合は明らかに ① と ② を満たす。

$b \neq 0$ の場合

① と ② が成立 $\Leftrightarrow a = b^2$ かつ $ab = 1$

$\Leftrightarrow a = b = 1$

が成り立つ($b^3 = 1$ となる実数 b は 1 のみ)。したがって解は,

$b = 0$ または $a = b = 1$

となる。

なお,論理文「$p \Leftrightarrow q$」は,「$p \Rightarrow$(ならば)q」と「$q \Rightarrow p$」の両方がいえること,すなわち,「p と q は同値」のことである。

例題2

$(x+1)^8$ を $x^2 - 1$ で割ったときの余りを求めよ。

解説

$(x+1)^8$ を $x^2 - 1$ で割ったときの商を $f(x)$,余りを $ax+b$ とすると,

$(x+1)^8 = f(x)(x^2 - 1) + ax + b$

とおくことができる。ここで上式は恒等式,すなわち x にどのような値を代入しても成り立つ式である。そこで,なるべ

く特徴的な数を x に代入してみよう。

上式の x に 1 を代入すると，$2^8 = a + b$

上式の x に -1 を代入すると，$0 = -a + b$

となる。したがって，

$$a = b = 2^7$$

を得る。よって，求める解は $2^7 x + 2^7$ である。

例題 3

(1) n を自然数とするとき，次式を証明せよ。

$$x^n - 1 = (x-1)(x^{n-1} + x^{n-2} + \cdots + x + 1)$$

(2) $x^n - 1$ を $(x-1)^2$ で割ったときの余りを求めよ。

解説

(1) n が 1 のとき，両辺は $x - 1$ と等しくなる。

n が 2 のとき，左辺は $x^2 - 1$ で右辺は $(x-1)(x+1)$ となって，両辺は等しくなる。

n が 3 のとき，左辺は $x^3 - 1$ で右辺は $(x-1)(x^2+x+1)$ となって，両辺は等しくなる。……。

そのように確かめることによって，与式の成立を数学的帰納法によって示そうと考える。

まず，n が 1 のとき，上記のように両辺は等しくなる。

n が k のとき，両辺は等しいと仮定する。

$$x^k - 1 = (x-1)(x^{k-1} + x^{k-2} + \cdots + x + 1)$$

上式の両辺に $x^{k+1} - x^k$ を加えると，

$$x^{k+1} - x^k + x^k - 1$$
$$= x^{k+1} - x^k$$
$$\quad + (x-1)(x^{k-1} + x^{k-2} + \cdots + x + 1)$$
$$x^{k+1} - 1$$
$$= x^k(x-1)$$
$$\quad + (x-1)(x^{k-1} + x^{k-2} + \cdots + x + 1)$$
$$x^{k+1} - 1$$
$$= (x-1)(x^k + x^{k-1} + x^{k-2} + \cdots + x + 1)$$

となって，与式は n が $k+1$ のとき成り立つことが分かる。

したがって，数学的帰納法によって与式の成立は示せたのである。

(2) $x^n - 1$ を $(x-1)^2$ で割ることは，**(1)** より $x^{n-1} + x^{n-2} + \cdots + x + 1$ を $x - 1$ で割ることである。いま，
$$x^{n-1} + x^{n-2} + \cdots + x + 1 = f(x)(x-1) + a$$
とおく。

両辺に $x = 1$ を代入すると，$n = a$ であることが分かる。そして，
$$x^{n-1} + x^{n-2} + \cdots + x + 1 = f(x)(x-1) + n$$
の両辺に $x - 1$ を掛けることによって，**(1)** の結果を用いて左辺は $x^n - 1$ となって，
$$x^n - 1 = f(x)(x-1)^2 + n(x-1)$$
を得る。

よって，n 次式 $x^n - 1$ を 2 次式 $(x-1)^2$ で割った余りは，$n(x-1)$ となる。

〈別の考え方〉

なお，(1) を用いないで，以下のように素朴に求める方法もある。

$x-1$ を $(x-1)^2$ で割ったときの余りは $x-1$
x^2-1 を $(x-1)^2$ で割ったときの余りは $2x-2$
x^3-1 を $(x-1)^2$ で割ったときの余りは $3x-3$
$\vdots$

というように，具体的に筆算で余りを求めてみる。

(2) の解は $nx-n$ となることを予想して，この証明を数学的帰納法によって試みる。n が 1 のときは明らかなので，n が k のとき成り立つとする。すなわち，

$$x^k - 1 = g(x)(x-1)^2 + k(x-1)$$

を仮定する。この式の両辺に $x^{k+1} - x^k$ を加えると，

$$x^{k+1} - 1 = g(x)(x-1)^2 + k(x-1) + x^{k+1} - x^k$$

となるので，$x^{k+1}-x^k$ を $(x-1)^2$ で割った余りが $x-1$ になることを示せば証明は完成する（$k(x-1)+x-1 = (k+1)(x-1)$ なので）。

実は，各自然数 k について，$x^{k+1} - x^k$ を $(x-1)^2$ で割ると余りが $x-1$ になることを数学的帰納法で示すことは，以下のように簡単である。

$k=1$ のとき，

$$(x^2 - x) \div (x-1)^2 = 1 \cdots (\text{余り}) \ x - 1 \quad \cdots\cdots (*)$$

は成り立つ。

自然数 s について，

$$x^{s+1} - x^s = h(x)(x-1)^2 + x - 1$$

は成り立つとして，この両辺に x を掛けると，

$$x^{s+2} - x^{s+1} = x \cdot h(x)(x-1)^2 + x^2 - x$$

となる．ここで $(*)$ を参考にすれば，$x^{s+2} - x^{s+1}$ を $(x-1)^2$ で割ると，余りは $x - 1$ となることが分かる．

例題 4 実数を係数とする n 次の整式 $f(x), g(x)$ が，相異なる $n+1$ 個の実数 a_i $(i = 1, 2, \cdots, n+1)$ に対して，

$$f(a_i) = g(a_i) \quad (i = 1, 2, \cdots, n+1)$$

が成り立つならば，$f(x)$ と $g(x)$ は恒等的に等しい（すべての実数 α に対し $f(\alpha) = g(\alpha)$）ことを証明せよ．

解説 最初に，

$$h(x) = f(x) - g(x)$$

とおく．$h(x) \equiv 0$，すなわち $h(x)$ は恒等的に 0 をとることを示せばよい．

「$f(x)$ と $g(x)$ は恒等的に等しい」を示すより「$h(x)$ は恒等的に 0 をとる」を示すほうが簡単だと思われるだろう．

そこで，「$h(x) \equiv 0$ は成り立たない」と仮定して，背理法で矛盾を導こう．なお，この仮定は「ある x について $h(x) \neq 0$」ということであって，「すべての x について $h(x) \neq 0$」ということではないことに注意する．

$f(a_1) = g(a_1)$ であるから $h(a_1) = 0$ となるので，因数定理によって，

$$h(x) = (x - a_1)h_1(x)$$

となる整式 $h_1(x)$ がある．もちろん，$h_1(x) \equiv 0$ ではない．なぜならば，$h_1(x) \equiv 0$ ならば $h(x) \equiv 0$ となるからである．

また，$f(a_2) = g(a_2)$ であるから $h(a_2) = 0$ となるので，
$$h(a_2) = (a_2 - a_1)h_1(a_2) = 0$$
を得る。そして $a_2 \neq a_1$ なので，$h_1(a_2) = 0$ となる。再び因数定理によって，
$$h_1(x) = (x - a_2)h_2(x)$$
$$h(x) = (x - a_1)(x - a_2)h_2(x)$$
となる整式 $h_2(x)$ がある。ここで，$h_2(x) \equiv 0$ ではない。

以下，同様な議論を繰り返すことによって，
$$h(x) = (x - a_1)(x - a_2)\cdots$$
$$(x - a_n)(x - a_{n+1})h_{n+1}(x) \quad \cdots\cdots (*)$$
となる整式 $h_{n+1}(x)$ があることが分かる。ここで，$h_{n+1}(x) \equiv 0$ ではない。

ところが $(*)$ において，左辺の $h(x) = f(x) - g(x)$ の次数は n 以下である。一方，右辺の次数は $n+1$ 以上であるので，矛盾である。

以上から，背理法によって結論が証明された。

例題5 分数式

$$\frac{3x+1}{(x-1)(x^2+1)} = \frac{a}{x-1} + \frac{bx+c}{x^2+1}$$

が成り立つように，定数 a, b, c を求めよ。

解説 右辺を，分母が $(x-1)(x^2+1)$ の分数に通分して考えてみる。

$$\frac{a}{x-1} + \frac{bx+c}{x^2+1} = \frac{a(x^2+1) + (bx+c)(x-1)}{(x-1)(x^2+1)}$$

$$= \frac{ax^2 + a + bx^2 - bx + cx - c}{(x-1)(x^2+1)}$$

$$= \frac{(a+b)x^2 + (-b+c)x + a - c}{(x-1)(x^2+1)}$$

となるので,次の3元1次連立方程式を解けばよいことが分かる。

$$\begin{cases} a + b = 0 \\ -b + c = 3 \\ a - c = 1 \end{cases}$$

上の3つの式の辺々を加え合わすと,

$2a = 4$

となる。よって,

$a = 2, b = -2, c = 1$

を得る。

例題6 (因数分解)

算数では 60 を $2 \times 2 \times 3 \times 5$ と表すように,整数を素数の積として表す素因数分解を学ぶ。これは掛け算の順序を別にすると,一意的(唯一通り)に表せる。中学・高校数学では,

$$x^3 - 5x^2 + 6x = x(x-2)(x-3)$$

というようなものをはじめとする因数分解を学ぶ。そして代数学では,素因数分解や因数分解を一般化させたものを「素元分解整域」という立場から学ぶことができる(拙著『今度こそわかるガロア理論』(講談社)を参照)。

いずれにしろ,素因数分解を一般化したものの積の形で,

掛け算の順序を別にすると一意的に表せるのであるが,「具体的には 1 つの素数のように, 2 つ以上に分解できないものがたくさんある」ということを留意しておかなければならない。

この例題での因数分解は,「複数の文字からなる整式を 1 つの文字の降べきの順に並べ替えて考える」というものである。とくに,整式を各文字についての降べきの順に並べ替えるとき,普通,その次数はなるべく低い文字の整式にまとめるとよい。

次の式を因数分解せよ。

(1) $x^4 + 2x^2 - 4xy - y^2 + 9$

(2) $a(b^2 - c^2) + b(c^2 - a^2) + c(a^2 - b^2)$

解説

(1) x についての最大の次数は 4, y についての最大の次数は 2 なので, y に注目する。

$$\begin{aligned}
与式 &= -y^2 - 4xy + x^4 + 2x^2 + 9 \\
&= -y^2 - 4xy + (x^2 + 3)^2 - 4x^2 \\
&= -y^2 - 4xy + (x^2 + 3 + 2x)(x^2 + 3 - 2x) \\
&= (y + x^2 + 3 + 2x)(-y + x^2 + 3 - 2x) \\
&= (x^2 + 2x + y + 3)(x^2 - 2x - y + 3)
\end{aligned}$$

(2) a について降べきの順に並べると,

$$与式 = a^2(c - b) + a(b^2 - c^2) + bc^2 - cb^2$$

$$= a^2(c-b) + a(b+c)(b-c) + bc(c-b)$$
$$= (c-b)\{a^2 - a(b+c) + bc\}$$
$$= (c-b)(a-c)(a-b)$$
$$= (a-b)(b-c)(c-a)$$

例題7 次の2つの整式の最大公約数と最小公倍数を求めよ。

$$x^3 + 8x^2 + 19x + 12, \quad x^2 - 5x - 6$$

解説 算数の復習であるが，たとえば，$78 = 2 \cdot 3 \cdot 13$，$154 = 2 \cdot 7 \cdot 11$ についての最大公約数と最小公倍数は，

 最大公約数 $= 2$

 最小公倍数 $= 2 \cdot 3 \cdot 7 \cdot 11 \cdot 13$

である。整式についての最大公約数と最小公倍数も以下のように，それを類推して考えればよい。

 整式 $x^3 + 8x^2 + 19x + 12$ の x に -1 を代入すると，

 $(-1)^3 + 8(-1)^2 + 19(-1) + 12 = 0$

であるから，$x^3 + 8x^2 + 19x + 12$ は $x+1$ を約数としてもつ。そして，

 $(x^3 + 8x^2 + 19x + 12) \div (x+1) = x^2 + 7x + 12$

 $x^2 + 7x + 12 = (x+3)(x+4)$

となるから，

$$x^3 + 8x^2 + 19x + 12 = (x+1)(x+3)(x+4)$$

を得る。一方，

$$x^2 - 5x - 6 = (x+1)(x-6)$$

が成り立つので，解は次のようになる。

　　最大公約数 $= x+1$
　　最小公倍数 $= (x+1)(x+3)(x+4)(x-6)$

例題 8　a を実数とするとき，
$$x^4 + ax^3 + a^2x^2 + a^3x + 1$$
は，x の 2 次式の平方とならないことを証明せよ。

解説　与式が 2 次式の平方になるとして，矛盾を導けばよい。この場合，
$$x^4+ax^3+a^2x^2+a^3x+1 = (x^2+bx+c)^2 \quad \cdots\cdots (*)$$
というように，右辺のカッコ内の 2 次係数は 1 としてよい。なぜならば，右辺のカッコ内の 2 次係数を α とすると，α^2 が 1（左辺の x^4 の係数）と等しくなる。そして α が -1 の場合は，右辺のカッコ内を -1 倍して考えればよい。

$(*)$ の右辺 $= x^4 + b^2x^2 + c^2 + 2bx^3 + 2bcx + 2cx^2$
$ = x^4 + 2bx^3 + (b^2+2c)x^2 + 2bcx + c^2$

なので，両辺を見比べることによって，以下を得る。

$a = 2b$ 　$\cdots\cdots$ ①
$a^2 = b^2 + 2c$ 　$\cdots\cdots$ ②
$a^3 = 2bc$ 　$\cdots\cdots$ ③
$1 = c^2$ 　$\cdots\cdots$ ④

ここから，① 〜 ④ を満たす a, b, c は存在しないことを示して証明は終わるのであるが，実は最後の矛盾を得る道筋はいろいろある。背理法というものは，矛盾までの道筋がいろ

いろと存在するのが普通で，とくに数学研究の世界では徐々に改良されていくことがしばしばある。そのことを理解して，以下を読んでいただきたい。

まず ④ より，$c = \pm 1$ である。

$c = 1$ のとき，

① と ② より，$4b^2 = b^2 + 2$ ……⑤

① と ③ より，$8b^3 = 2b$ ……⑥

を得る。そこで，⑤ から $3b^2 = 2$, $b^2 = \dfrac{2}{3}$ $(b \neq 0)$ となり，⑥ から $b^2 = \dfrac{1}{4}$ となって矛盾である。

$c = -1$ のとき，① と ② より $4b^2 = b^2 - 2$, それゆえ $b^2 = -\dfrac{2}{3}$ となって，② より $a^2 < 0$ となるので矛盾である。

3節　数値計算

特定の数値に対して成り立つ方程式を解くときも，すべての数に対して成り立つ恒等式のチェックをするときも，文字に具体的な数を代入して確かめることは自然である。

もちろん何らかの性質について，一般論として成り立つかどうかを予想するときも，まずは具体的な数値で確かめることは普通である。そのような背景をもって，本節ではいろいろな数値計算の演習を行う。

例題1　$x : y : z = 3 : (-2) : 5$ のとき，
比 $(x + y + z) : (-3x + y + z)$ の値を求めよ。

解説　比や比の値などの定義に関しては小・中学校で学んできた。それに戻って考えればよいのである。まず，

$$\frac{x}{3} = \frac{y}{-2} = \frac{z}{5}$$

の値は一定である。この値を k とすると，

$$x = 3k, \quad y = -2k, \quad z = 5k$$

となる。これらの式を，求める比の値の式に代入して計算すると，

$$\frac{x + y + z}{-3x + y + z} = \frac{3k - 2k + 5k}{-9k - 2k + 5k} = \frac{6k}{-6k} = -1$$

を得る。

例題2 $5x + 2y - 3z = 0$, $7x - 5y + z = 0$ のとき,
比 $x : y : z$ を求めよ。

解説 xyz 座標空間についてすでに学んでいれば,この問題は,座標空間の原点を通る2つの平面の交線について尋ねているものだと分かる。もちろん,そのような図形的なイメージをもたなくても,比の意味を考えれば解くことには困らない。

そもそも,$x : y : z$ が分かるということは,
$$y = ax, \quad z = bx$$
のように,1つの文字の係数倍として他の文字を表せるということである。そこで x を定数と考えて,問題に与えられた2つの式を,y と z に関する2元1次連立方程式と見なして解いてみよう。

問題で与えられた2つ目の式の両辺を3倍すると,
$$21x - 15y + 3z = 0$$
を得る。この式と最初の式の辺々を加えると,
$$26x - 13y = 0$$
$$y = 2x$$
を得る。これを,問題で与えられた2つ目の式に代入すると,
$$7x - 10x + z = 0$$
$$z = 3x$$
も得る。したがって,
$$x : y : z = x : 2x : 3x = 1 : 2 : 3$$
となる。

第1章　数と式

例題3　$x - \dfrac{1}{x} = 1$ のとき，$x^2 - \dfrac{1}{x^2}$ の値を求めよ。

解説　この問題を普通に解こうと考えると，与えられた条件から x の値を求め，それを目的の式に代入することだろう。まずは，そのように解いてみる。題意より $x \neq 0$ に留意して，

$$x - \frac{1}{x} = 1$$

の両辺に x を掛けることによって x の値を求めると，

$$x^2 - x - 1 = 0$$
$$x = \frac{1 \pm \sqrt{5}}{2}$$

となる。そこで，

$$x^2 = \frac{1 \pm 2\sqrt{5} + 5}{4} = \frac{3 \pm \sqrt{5}}{2}$$
$$\frac{1}{x^2} = \frac{2}{3 \pm \sqrt{5}} = \frac{2(3 \mp \sqrt{5})}{(3 \pm \sqrt{5})(3 \mp \sqrt{5})}$$
$$= \frac{2(3 \mp \sqrt{5})}{9 - 5} = \frac{3 \mp \sqrt{5}}{2}$$

となるので，

$$x^2 - \frac{1}{x^2} = \frac{3 \pm \sqrt{5}}{2} - \frac{3 \mp \sqrt{5}}{2} = \pm\sqrt{5}$$

なお，$\pm, \mp$ という複号同順についての記法に違和感がある場合は，

$$x = \frac{1 + \sqrt{5}}{2}, \quad x = \frac{1 - \sqrt{5}}{2}$$

のそれぞれの場合について，別々に計算すればよいのである。

〈別の考え方〉

ところで，この例題に関しては，

$$x^2 - \frac{1}{x^2} = \left(x + \frac{1}{x}\right)\left(x - \frac{1}{x}\right)$$

なので，$x + \dfrac{1}{x}$ の値が分かればよいのである。ここで，

$$\left(x + \frac{1}{x}\right)^2 = x^2 + 2 + \frac{1}{x^2}$$

であって，また仮定より

$$x^2 - 2 + \frac{1}{x^2} = \left(x - \frac{1}{x}\right)^2 = 1$$

なので，

$$x^2 + \frac{1}{x^2} = 3$$

が成り立つ。したがって，

$$\left(x + \frac{1}{x}\right)^2 = 5$$
$$x + \frac{1}{x} = \pm\sqrt{5}$$

となるので，

$$x^2 - \frac{1}{x^2} = \left(x + \frac{1}{x}\right)\left(x - \frac{1}{x}\right) = \pm\sqrt{5}$$

を得る。

第 1 章　数と式

例題 4　$x + \dfrac{1}{x} = 3$, $x > 0$ のとき，次式の値を求めよ。

$$\sqrt{x} + \dfrac{1}{\sqrt{x}}$$

解説　例題 3 のように，素朴に x の値を求め，それを目的の式に代入する解法は自然に思いつくだろう。まずは，その方法で解いてみよう。

$$x + \dfrac{1}{x} = 3$$

の両辺に x を掛けて整理すると，2 次方程式

$$x^2 - 3x + 1 = 0$$

を得る。これを解くと，

$$x = \dfrac{3 \pm \sqrt{5}}{2}$$

を得る。

そして $\sqrt{x}$ を考えると，次のように二重根号を外すことが必要になる。

$$\sqrt{x} = \sqrt{\dfrac{3 \pm \sqrt{5}}{2}} = \sqrt{\dfrac{6 \pm 2\sqrt{5}}{4}}$$
$$= \dfrac{\sqrt{6 \pm 2\sqrt{5}}}{2} = \dfrac{\sqrt{5} \pm 1}{2}$$

そこで，

$$\sqrt{x} + \dfrac{1}{\sqrt{x}} = \dfrac{\sqrt{5} \pm 1}{2} + \dfrac{2}{\sqrt{5} \pm 1}$$

$$= \frac{\sqrt{5} \pm 1}{2} + \frac{2(\sqrt{5} \mp 1)}{(\sqrt{5} \pm 1)(\sqrt{5} \mp 1)}$$

$$= \frac{\sqrt{5} \pm 1}{2} + \frac{2(\sqrt{5} \mp 1)}{4} = \sqrt{5}$$

となって,求める解を得る。

〈別の考え方〉

ところで,この例題に関しては,

$$A = \sqrt{x} + \frac{1}{\sqrt{x}}$$

とおいて A^2 が求まれば,A は求まると考える。そこで A^2 を計算してみると,

$$A^2 = \left(\sqrt{x} + \frac{1}{\sqrt{x}}\right)^2 = x + 2 + \frac{1}{x}$$

となって,仮定を用いることにより,

$$A^2 = 5, \quad A = \sqrt{5}$$

を得る。

例題 5 $x = \dfrac{\sqrt{3} + \sqrt{2}}{2},\ y = \dfrac{\sqrt{3} - \sqrt{2}}{2}$ のとき,

$$\frac{y}{x^2} + \frac{x}{y^2}$$

の値を求めよ。

解説 このような問題を目にして思いつくことは,多くの学習参考書などで「対称式は基本対称式の多項式として表せ

る」という定理が紹介されていることである。

対称式とは,どの2つ以上の変数を取り替えても変わらない多項式 (整式) のことである。たとえば,x^2y+y^2x は2つの変数 x, y の対称式で,$x^2+y^2+z^2$ は3つの変数 x, y, z の対称式である。そして基本対称式とは,2つの変数 x, y に関しては

$$x+y, \quad xy$$

の2つで,3つの変数 x, y, z に関しては

$$x+y+z, \quad xy+xz+yz, \quad xyz$$

の3つである(n 個の変数の基本対称式も同様に定める)。

もちろん,その定理を念頭に置いて本例題を解くことはよいが,以下,その定理の利用に気づくような記述で解を述べよう。

$$与式 = \frac{y^3+x^3}{x^2y^2} = \frac{(x+y)(x^2-xy+y^2)}{x^2y^2}$$

となるので,$x+y$ と xy の値が分かれば,

$$\frac{(x+y)(x^2-xy+y^2)}{x^2y^2} = \frac{(x+y)\{(x+y)^2-3xy\}}{(xy)^2}$$

と変形して,与式の値は求まることになる。実際,

$$x+y = \sqrt{3}$$
$$xy = \frac{3-2}{4} = \frac{1}{4}$$

であるから,

$$\text{与式} = \frac{\sqrt{3}\left\{(\sqrt{3})^2 - \dfrac{3}{4}\right\}}{\left(\dfrac{1}{4}\right)^2} = 16\sqrt{3} \times \frac{9}{4} = 36\sqrt{3}$$

を得る。

例題6 2つの条件式 $x - y + z = 0$, $2x - y - z + 1 = 0$ を満足するどんな x, y, z に対しても，

$$ax^2 + by^2 + cz^2 = 1 \quad \cdots\cdots (*)$$

が成り立つような定数 a, b, c は存在するか。存在するならば，それらの値を求めよ。

解説 とりあえず，存在するとして a, b, c の値を調べてみよう。

2つの条件式に $z = 0$ を代入すると，$x = -1$, $y = -1$ となる。

また，2つの条件式に $z = 1$ を代入すると，$x = 1$, $y = 2$ となる。

さらに，2つの条件式に $z = 2$ を代入すると，$x = 3$, $y = 5$ となる。

そこで，

$$(x, y, z) = (-1, -1, 0), (1, 2, 1), (3, 5, 2)$$

を $(*)$ に代入して得られる3元1次方程式

$$\begin{cases} a+b=1 & \cdots\cdots ① \\ a+4b+c=1 & \cdots\cdots ② \\ 9a+25b+4c=1 & \cdots\cdots ③ \end{cases}$$

を解いてみよう。③ 式から ② 式の 4 倍を辺々引くと，

$5a+9b=-3 \quad \cdots\cdots ④$

を得る。そして，① 式と ④ 式からなる 2 元 1 次連立方程式を解くと，

$a=3, \quad b=-2$

を得る。それゆえ ② より，$c=6$ も得る。

もし問題が，「どんな x, y, z に対しても，$(*)$ が成り立つような定数 a, b, c を求めよ」という（マークシート）形式ならば，

$a=3, \quad b=-2, \quad c=6 \quad \cdots\cdots ⑤$

を得た段階で終わりである。

しかしながら，本例題の問題文から分かることは，題意を満たす定数 a, b, c が存在するならば，それは ⑤ になるのである。そこで厳密に考えると，

$x-y+z=0, \quad 2x-y-z+1=0$

を満足するどんな x, y, z に対しても，⑤ の場合は $(*)$ が成り立つことを示す必要がある。

そこで例題 2 の解説で述べたように，x を定数と考えて，与えられた条件式を y と z に関する 2 元 1 次連立方程式と見なして解いてみる。

$x-y+z=0 \quad \cdots\cdots ⑥, \quad 2x-y-z+1=0 \quad \cdots\cdots ⑦$

として，⑥ 式から ⑦ 式を辺々引くと，

$-x+2z-1=0$

$$z = \frac{x+1}{2} \quad \cdots\cdots ⑧$$

を得る。それゆえ ⑥ より，

$$y = \frac{3x+1}{2} \quad \cdots\cdots ⑨$$

も得る。

以上から，$a=3, b=-2, c=6$ としての（∗）の左辺に

$$(x, y, z) = \left(x, \frac{3x+1}{2}, \frac{x+1}{2}\right)$$

を代入して，その計算結果が 1 になればよいのである。実際，

$$3x^2 - 2\left(\frac{3x+1}{2}\right)^2 + 6\left(\frac{x+1}{2}\right)^2$$
$$= \frac{1}{2}(6x^2 - 9x^2 - 6x - 1 + 3x^2 + 6x + 3) = 1$$

となる。

● 2次方程式と2次不等式

$$i^2 = -1$$

となる新しい数 i を考え，これを**虚数単位**と呼ぶことにする。そして，実数 a, b に対して，

$$a + bi$$

の形に表される数を**複素数**といい，とくに $b \neq 0$ のときは**虚数**という。また，$a = 0$ の虚数 bi を**純虚数**という。

実数 a, b, c, d に対し，2つの複素数 $a + bi$ と $c + di$ は，

$$a = c \quad \text{かつ} \quad b = d$$

であるときに限って等しいと定める。また，

$$a + 0i = a$$

と見なすことによって，複素数の世界は実数の世界を含むことになる。さらに，

$$(a + bi) + (c + di) = (a + c) + (b + d)i$$
$$(a + bi)(c + di) = (ac - bd) + (ad + bc)i$$

と定めることによって，複素数の世界でも実数の世界と同じように四則演算を行うことができる。

実数 a, b に対し，複素数 $a + bi$ と $a - bi$ を互いに**共役な複素数**という。

a を正の数とするとき,

$$x^2 + a = (x + \sqrt{a}i)(x - \sqrt{a}i)$$

となるので,複素数の世界で $x^2 = -a$ となる $-a$ の平方根は,$\sqrt{a}i$ と $-\sqrt{a}i$ になる。

ここで,

$$\sqrt{-a} = \sqrt{a}i$$

という記法を用いることによって,$-a$ の平方根は $\pm\sqrt{-a}$ と表すこともできる。

[公式1]
2次方程式の解の公式

係数が実数の2次方程式

$$ax^2 + bx + c = 0 \quad (a \neq 0)$$

の解(根)は

$$x = \frac{-b \pm \sqrt{b^2 - 4ac}}{2a}$$

$$D = b^2 - 4ac$$

をその方程式の**判別式**という。

$D > 0$ ならば方程式の解は異なる2つの**実数解**(**実根**)となり,$D = 0$ ならば方程式の解は2つの解が重なったと考えられる**重解**(**重根**)となり,$D < 0$ ならば方程式の解は

異なる2つの**虚数解（虚根）**となる。

> **［定理1］**
>
> 係数が実数の2次方程式
> $$ax^2 + bx + c = 0$$
> の2つの解を α, β とすると，**解と係数の関係**
> $$\alpha + \beta = -\frac{b}{a}, \quad \alpha\beta = \frac{c}{a}$$
> が成り立ち，
> $$ax^2 + bx + c = a(x - \alpha)(x - \beta)$$
> と因数分解される。

$a \geqq 0, b \geqq 0$ のとき，

$$\frac{a+b}{2} \geqq \sqrt{ab}$$

が成り立つ。

上式の左辺，右辺をそれぞれ a と b の**相加平均**，**相乗平均**という。

● 連立方程式と高次方程式

3次以上の整式 $= 0$

の形で表される方程式を**高次方程式**という。

3次方程式

$$x^3 - 1 = 0$$

の解は,

$$x = 1, \omega, \omega^2$$

と表される。ただし,

$$\omega = \frac{-1 + \sqrt{3}i}{2}, \quad \omega^2 = \frac{-1 - \sqrt{3}i}{2}$$

それら3つの解は1の**立方根（3乗根）**と呼ばれる。

[定理2　剰余定理]

x の整式 $P(x)$ を $x - \alpha$ で割った余りを R とすれば,

$$R = P(\alpha)$$

である。

[定理3　因数定理]

x の整式 $P(x)$ に関して,

$$P(\alpha) = 0$$

が成り立つならば, $x - \alpha$ は整式 $P(x)$ の因数である。

● 集合と論理

ある条件を満たすもの全体の集まりを**集合**という。

集合を

$$S = \{1, 2, 3, 4, 6, 8, 12, 24\}$$

のように，中括弧の中に集合を構成する個々の**要素**をすべて列挙して表す方法と，

$$S = \{x \mid x \text{ は } 24 \text{ の正の約数}\}$$

のように，中括弧の中の縦線の右側にそれら要素の条件を明記する方法の 2 通りの表し方がある。

集合の要素を**元**ともいう。a が集合 A の要素であるとき，a は A に**属する**といい，

$$a \in A, \quad A \ni a$$

などで表す。また，a が集合 A の要素でないとき，

$$a \notin A, \quad A \not\ni a$$

などで表す。

集合 A, B に対し，A と B のどちらにも属している要素全体からなる集合を，A と B の**交わり**，**共通集合**，**共通部分**などといい，$A \cap B$ で表す。また，A と B の少なくとも一方に属している要素全体からなる集合を，A と B の**結び**，**和集合**，**合併集合**などといい，$A \cup B$ で表す。

要素が一つもない集合を**空集合**といい，

$$\{\ \},\quad \varnothing$$

などで表す。また，集合 A, B に対し，A のすべての要素が B に属しているとき，A を B の**部分集合**といい，

$$A \subseteq B,\quad B \supseteq A$$

などで表す。

数学の問題は 1 つの大きな集合 U の中で考えることが多く，個々の問題に現れる集合は U の部分集合になっている。そのような U を**全体集合**という。

全体集合 U の部分集合 A に対して，A に属していない U の要素全体からなる集合を A の**補集合**といい，$\bar{A}$ で表す。明らかに，

$$A \cap \bar{A} = \varnothing,\quad A \cup \bar{A} = U$$

が成り立つ。

命題とは，正しい（成り立つ）か誤っている（成り立たない）かが定まっている文や式のことである。

命題が正しいとき，その命題は「**真である**」といい，命題が誤っているとき，その命題は「**偽である**」という。

p を命題とするとき，「p でない」という命題を p の**否定**といい，$\bar{p}$ で表す。p が真のとき $\bar{p}$ は偽，p が偽のとき $\bar{p}$ は真である。

p と q を命題とするとき，「p ならば q」という命題を「$\boldsymbol{p \Rightarrow q}$」で表す。

数学（論理）の世界では，p が真で q が偽であるときのみ

「$p \Rightarrow q$」は偽になる。

命題 p, q に対して「$p \Rightarrow q$」が成り立つとき，q を p が成り立つための**必要条件**といい，p を q が成り立つための**十分条件**という。

「$p \Rightarrow q$」に対し，「$q \Rightarrow p$」，「$\bar{q} \Rightarrow \bar{p}$」，「$\bar{p} \Rightarrow \bar{q}$」をそれぞれ「$p \Rightarrow q$」の**逆**，**対偶**，**裏**という。また，「$p \Rightarrow q$」自身のことを「$p \Rightarrow q$」の**表**ともいう。表「$p \Rightarrow q$」が正しければ対偶「$\bar{q} \Rightarrow \bar{p}$」も正しく，対偶「$\bar{q} \Rightarrow \bar{p}$」が正しければ表「$p \Rightarrow q$」も正しい。

p と q を命題とするとき，

$p \Rightarrow q$　かつ　$q \Rightarrow p$

という命題を「$p \Leftrightarrow q$」で表す。$p \Leftrightarrow q$ が成り立つとき，q は p が成り立つための**必要十分条件**であるといい，p と q は**同値**であるともいう。

2 次不等式

$x^2 - 4x + 3 < 0$

は $x = 2$ のとき真の命題になるが，$x = 0$ のとき偽の命題になる。このように，変動させることのできる文字を含む命題を**条件命題**といい，それに含まれる文字を**変数**という。

上の例で，「$x^2 - 4x + 3$」を $p(x)$ で表し，$\boldsymbol{R}$ を実数全体の集合とすると，

$\{x \,|\, x \in \boldsymbol{R}, \ 条件命題 \ p(x) \ は真\}$
$= \{x \,|\, x \in \boldsymbol{R}, \ 1 < x < 3\}$

と書ける。

等式
$$(x+y)^2 = x^2 + 2xy + y^2$$
は，x と y に「すべて」の数を代入して常に等号が成り立つものである。そのような等式をとくに**恒等式**という。

1節　1次・2次方程式とその応用

さまざまな方程式や不等式を考えるとき，1次方程式や2次方程式の世界に持ち込んで解決することは普通である。背景には，3次方程式や4次方程式は理論的には一般に解けるが，実用的でないことがある。本節では，座標平面上で視覚的に捉えることも含めて，1次方程式や2次方程式に関連する演習問題を学ぶ。

例題 1　x, y に関する連立1次方程式

$$\begin{cases} (a-3)x - 2y = 2a & \cdots\cdots ① \\ 3x + (2a+1)y = -a-2 & \cdots\cdots ② \end{cases}$$

が解をもたないように，a の値を求めよ。

解説　中学数学で学んだことから，上記のそれぞれの式は xy 座標平面上の直線である。そして，xy 座標平面上の2本の直線の関係は次のようになっている。

$$\begin{cases} \text{重なる} \cdots\cdots \text{共有点は無限個} \\ \text{1点で交わる} \cdots\cdots \text{1つの共有点} \\ \text{平行な2直線} \cdots\cdots \text{共有点は 0 個} \end{cases}$$

そして，本問の解を求めることを考えると，2つの式が表す直線が平行な2直線になればよいのである。そこで，2つの式が表す直線同士の傾きが等しい状況を探ろう。

なお，$a = -\dfrac{1}{2}$ のときは，2つの式が表す直線は平行に

ならないことが分かる。② のほうは y 軸と平行になって，① のほうは y 軸と平行にならないからである。そこで以下，$a \neq -\dfrac{1}{2}$ として考える。

① が表す直線の傾き $= \dfrac{a-3}{2}$

② が表す直線の傾き $= -\dfrac{3}{2a+1}$

となるので，

① が表す直線の傾き $=$ ② が表す直線の傾き

$\Leftrightarrow \dfrac{a-3}{2} = -\dfrac{3}{2a+1}$

$\Leftrightarrow (a-3)(2a+1) = -6$

$\Leftrightarrow 2a^2 - 5a + 3 = 0$

$\Leftrightarrow (2a-3)(a-1) = 0$

$\Leftrightarrow a = 1, \dfrac{3}{2}$

を得る。ここで，$a = \dfrac{3}{2}$ の場合は ① と ② は異なる式を意味しているが，$a = 1$ の場合は ① と ② は同じ式を意味している。したがって，解は $a = \dfrac{3}{2}$ である。

例題 2　次の連立方程式を解け。

$$\begin{cases} x + ay = 1 & \cdots\cdots ① \\ ax + y = 1 & \cdots\cdots ② \end{cases}$$

解説　この問題は例題 1 を参考にすると，a の値によって解

の状況がいろいろ変わることが類推できるだろう。なお，中学から高校までの数学では，連立方程式を xy 座標平面上の直線の関係として考えるとき，共有点が無限個のときの方程式の解を「不定」といい，共有点が 0 個のときの方程式の解を「不能」ということが普通である。しかしながら，ここでは大学数学への接続を考えて，一歩進んだ表現を用いさせていただく。

まず，② より $y = -ax + 1$ となり，これを ① に代入すると

$$x + a(-ax + 1) = 1$$
$$(1 - a^2)x + a = 1$$
$$(a + 1)(a - 1)x = a - 1$$

を得る。そこで，$a \neq \pm 1$（a が 1 でもなければ -1 でもない）のとき，解は

$$x = \frac{1}{a + 1}, \quad y = \frac{1}{a + 1}$$

となる。そして $a = 1$ のとき，解は

$$x = \alpha, \quad y = 1 - \alpha \quad (\alpha : 任意定数)$$

となる。また $a = -1$ のとき，解は「解なし」となる。

もちろん高校までの数学としては，$a = 1$ のとき解は「不定」で，$a = -1$ のとき解は「不能」であると述べてもよい。

例題3 連立方程式

$$\begin{cases} y = x + |x - 1| & \cdots\cdots ① \\ y = ax + b & \cdots\cdots ② \end{cases}$$

が異なる 2 組の解をもつための，a と b に関する必要かつ十分な条件を求めよ。

解説 この問題も例題 1 や例題 2 のように図，すなわち xy 座標平面上で考えてみよう。② が表すグラフは直線で，これと ① が表すグラフが 2 つの交点をもつことが題意である。そこで，まず ① のグラフを描いてみる。

絶対値を外すことを考えると，① は以下のようになる。
$$\begin{cases} x \geqq 1 \text{ のとき，} y = x + (x-1) = 2x - 1 \\ x < 1 \text{ のとき，} y = x - (x-1) = 1 \end{cases}$$

上記をグラフにすると，次の実線になる。

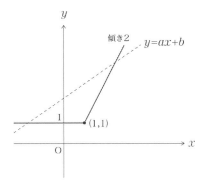

そして ② の直線を点線で表すと，図のような状況になるとき，2 つの交点をもつことになる。この状況を詳しく考えると，次の 2 つの条件 ③ と ④ を満たすことが必要かつ十分な条件であることが分かる。

　　　$0 < a$ （② の直線の傾き）< 2 　……③

　　　② の直線は点 $(1, 1)$ より上に位置する　……④

④ は，$a+b>1$ と同じことであるから，本例題の解は
$$0 < a < 2, \quad a+b > 1$$
となる。

例題4 x についての次の不等式を解け。
$$ax + b > cx + d$$

解説 この問題は，a, b, c, d に具体的な数値を入れた問題を一般化したものである。このような一般化では，「0 で割ることはできない」，「負の数を掛けると不等式の向きは変わる」，「多項式の最高次係数は 0 ではない」などを常に注意して論議を展開する必要がある。

この例題では，まず
$$(a-c)x > d-b$$
と変形する。そして，

$a > c$ のとき，$x > \dfrac{d-b}{a-c}$

$a < c$ のとき，$x < \dfrac{d-b}{a-c}$

となる。

さらに，$a = c$ のときは，

$b > d$ ならば，答えは「すべての実数」

$b \leqq d$ ならば，答えは「解なし」

となる。

第 2 章　方程式・不等式と論理

例題 5　n を自然数とするとき，x についての 2 次方程式
$$x^2 - 10x + n = 0$$
が相異なる 2 つの整数解をもつように，n の値を定めよ。

解説　基礎に戻って考えてみよう。与方程式を解の公式を用いて解くと，
　　$x = 5 \pm \sqrt{25 - n}$
となる。そして題意より，$\sqrt{25 - n}$ は自然数でなければならない。したがって n は，1 以上 24 以下の整数で，$25 - n$ が自然数の平方として表されることになる。よって，求める解は
　　$n = 9, 16, 21, 24$
となる。

　簡単な問題ではあるが，いくつかの条件を使いこなしている。

例題 6　x についての方程式
$$|x^2 + ax + b| = 2$$
が相異なる 3 つの実数解をもつための，a と b に関する必要かつ十分な条件を求めよ。

解説　もし絶対値がない問題ならば，3 つの実数解をもつことはあり得ない。なぜならば，一般に xy 座標平面上で，関数 $y = x^2 + ax + b$ と $y = 2$ との共有点の個数は，0 か 1 か 2 であるからである。

また，一般に xy 座標平面上で，関数 $y = f(x)$ のグラフを用いて関数 $y = |f(x)|$ のグラフを描くとき，前者のグラフの x 軸より下の部分を，x 軸に関して対称に折り返して描けばよいのである。

そのように図を用いて考えると，この例題は xy 座標平面上で，次のグラフの状況を検討すればよいことが分かる。

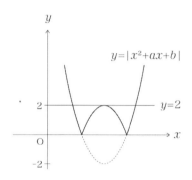

したがって，連立方程式
$$y = x^2 + ax + b, \quad y = -2$$
が重解をもつ条件を求めればよい。そこで，方程式
$$x^2 + ax + b + 2 = 0$$
の判別式 D が 0 になることを考えると，
$$a^2 - 4(b + 2) = 0$$
$$a^2 - 4b - 8 = 0$$
を得る。これが求める条件である。

第2章 方程式・不等式と論理

例題7 a, b が実数であるとき,x についての2次方程式

$$(x+a)(x+b) + (x+a)x + (x+b)x = 0$$

の解が重解になるのは,$a = b = 0$ の場合に限ることを証明せよ。

解説 $a = b = 0$ の場合,与えられた方程式は

$$3x^2 = 0$$

となるので,$x = 0$ が重解になる。

次に,与えられた方程式は

$$3x^2 + 2(a+b)x + ab = 0$$

と表せるので,この判別式 D を考えてみよう。

$$\frac{D}{4} = (a+b)^2 - 3ab = a^2 + b^2 - ab$$

なので,

$$D = 0 \Leftrightarrow a^2 + b^2 - ab = 0$$

を得る。ここで,

$$a^2 + b^2 - ab = \left(a - \frac{b}{2}\right)^2 + \frac{3}{4}b^2$$

なので,以下が成り立つ。

$$D = 0 \Leftrightarrow \left(a - \frac{b}{2}\right)^2 + \frac{3}{4}b^2 = 0$$
$$\Leftrightarrow a = \frac{b}{2} \quad \text{かつ} \quad b = 0$$
$$\Leftrightarrow a = b = 0$$

したがって,与方程式の解が重解になるのは $a = b = 0$ の

場合に限る。

例題 8

(1) α, β を実数とするとき,次が成り立つことを証明せよ。

$$[\alpha > 0, \beta > 0] \Leftrightarrow [\alpha + \beta > 0, \alpha\beta > 0]$$

(2) m を実数とする。x についての 2 次方程式

$$(m^2 + 1) x^2 - 4mx + 2 = 0 \quad \cdots\cdots (*)$$

の解 α, β がともに正になるとき,m の値の範囲を求めよ。

解説

(1) （⇒）は明らかである。

（⇐）$\alpha\beta > 0$ となるのは,α, β がともに正か,ともに負である。

そして,$\alpha + \beta > 0$ という条件を加えると,$\alpha > 0, \beta > 0$ が導かれる。

(2) 問題文の表現であるが,もちろん「$(*)$ の解 α, β がともに正になるための,m の値の範囲についての必要かつ十分な条件を求めよ」という意味である。

(1) を用いることによって,$[\alpha + \beta > 0, \alpha\beta > 0]$ ということに目を向けることになる。しかしながら,その前に注意しなくてはならないことがある。それは,正の解とは「実数解かつ正」の意味である。たとえば,

$$x^2 - 4x + 5 = 0$$

という 2 次方程式を考えると,この解は
$$x = 2 \pm i$$
である ($i = \sqrt{-1}$)。そして,
$$(2+i) + (2-i) = 4, \quad (2+i)(2-i) = 5$$
となるので,$[\alpha + \beta > 0, \alpha\beta > 0]$ だけに目を向けては間違いの元になる。

そこで,($*$) の解が実数になる条件,すなわち方程式 ($*$) の判別式 D が 0 以上となる状況を考えてみよう。
$$\frac{D}{4} = (2m)^2 - 2(m^2 + 1) = 2m^2 - 2$$
が非負(0 以上)となるので,
$$m^2 \geqq 1$$
すなわち
$$m \geqq 1, \quad m \leqq -1 \quad \cdots\cdots ①$$
でなければならない。

一方,解と係数の関係から
$$\alpha + \beta = \frac{4m}{m^2 + 1}, \quad \alpha\beta = \frac{2}{m^2 + 1}$$
となる。そして (1) を用いて,
$$\frac{4m}{m^2 + 1} > 0, \quad \frac{2}{m^2 + 1} > 0$$
が成り立たなければならない。それゆえ,
$$m > 0 \quad \cdots\cdots ②$$
となって,① と ② より,$m \geqq 1$ が求める範囲となる。

2節　高次・分数・無理方程式とその応用

　高次方程式，分数方程式，無理方程式については不等式を含めて，最近は昔と比べて丁寧には学ばなくなってきたようである。しかし，それらに関しては，因数分解や座標平面からの助けなども用いて，いろいろ工夫して解決する方法がある。それらは後々役立つ場面がいろいろあるので，その辺りについて演習を通して学ぶ。

例題1　a が有理数のとき，x についての方程式
$$x^3 + 3ax^2 + (2a^2 - 1)x - 2a = 0$$
の1つの解が $1 + \sqrt{2}$ になるように，a の値を求めよ。

解説　とりあえず，$1 + \sqrt{2}$ が与方程式の1つの解なので，
$$(1+\sqrt{2})^3 + 3a(1+\sqrt{2})^2$$
$$+ (2a^2 - 1)(1+\sqrt{2}) - 2a = 0$$
$$1 + 3\sqrt{2} + 6 + 2\sqrt{2} + 3a + 6\sqrt{2}a + 6a$$
$$+ 2a^2 + 2a^2\sqrt{2} - 1 - \sqrt{2} - 2a = 0$$
$$4\sqrt{2} + 6 + 7a + 6\sqrt{2}a + 2a^2 + 2a^2\sqrt{2} = 0$$
$$\cdots\cdots(*)$$

となる。ここで，2つの場合を考えよう。一つは，$(*)$ を a についての2次方程式と考える場合。もう一つは，$(*)$ を有理数 + 有理数 $\times\sqrt{2}$ という形で考える場合。

　前者の場合。2次方程式

$$2(1+\sqrt{2})a^2 + (7+6\sqrt{2})a + 6 + 4\sqrt{2} = 0$$
を,「たすき掛け」の方法によって
$$(a+2)\left\{2(1+\sqrt{2})a + 3 + 2\sqrt{2}\right\} = 0$$
と表すことができる。よって,
$$a = -2, \quad -\frac{3+2\sqrt{2}}{2(1+\sqrt{2})}$$
となる(「解の公式」を用いてもよい)。ところが,
$$-\frac{3+2\sqrt{2}}{2(1+\sqrt{2})} = \frac{(3+2\sqrt{2})(1-\sqrt{2})}{2} = -\frac{1+\sqrt{2}}{2}$$
であるから,a は有理数ゆえ $a = -2$ が解となる。

後者の場合。
$$4\sqrt{2} + 6 + 7a + 6\sqrt{2}a + 2a^2 + 2a^2\sqrt{2}$$
$$= 6 + 7a + 2a^2 + (4 + 6a + 2a^2)\sqrt{2}$$
なので,
$$\begin{cases} 6 + 7a + 2a^2 = 0 & \cdots\cdots ① \\ 4 + 6a + 2a^2 = 0 & \cdots\cdots ② \end{cases}$$
が成り立たなくてはならない。なぜならば一般に,α, β が有理数のとき,
$$\alpha + \beta \times \sqrt{2} = 0 \quad \text{すなわち} \quad \alpha = -\beta \times \sqrt{2}$$
となるのは,$\alpha = \beta = 0$ の場合に限るからである。

したがって,①,② より $a = -2$ が導かれる。実際,$a = -2$ は ①,② 両方を満たす。前者,後者どちらで解いてもよいのであるが,後者のほうが若干分かりやすいだろう。

例題 2

(1) 次の式を因数分解せよ。
$$x^2y^2 - x^3 + y^3 - xy$$

(2) 次の方程式を満たす自然数の組 (x, y) を求めよ。
$$x^2y^2 - x^3 + y^3 - xy = 49$$

解説

(1) 与式を y に関する降べきの順に並べ替えて,共通因数はないかと式全体を見渡すと (x に関しても同様),
$$y^3 + x^2y^2 - xy - x^3 = (y + x^2)y^2 - x(y + x^2)$$
$$= (y + x^2)(y^2 - x)$$
に気づく。さらにこれ以上は因数分解ができないので,$(y + x^2)(y^2 - x)$ が解である。

(2) (1)を用いることによって,
$$(y + x^2)(y^2 - x) = 49$$
となる自然数の組 (x, y) を求めればよい。x, y が自然数ならば $y + x^2$ も自然数である。そこで,以下の3つの場合を考えればよい。
$$\begin{cases} y + x^2 = 49, \quad y^2 - x = 1 & \cdots\cdots ① \\ y + x^2 = 7, \quad y^2 - x = 7 & \cdots\cdots ② \\ y + x^2 = 1, \quad y^2 - x = 49 & \cdots\cdots ③ \end{cases}$$

① の場合。左の式から,x は 1, 2, 3, 4, 5, 6 のどれかである。そして右の式から,それらのうちで 1 を加えて平方数

になる自然数 x は 3 しかない。ところが，(3, 2) は左の式を満たさない。

② の場合。左の式から，x は 1 か 2 である。そして右の式から，(2, 3) のみ解の候補となり，これは左の式も満たす。

③ の場合。x, y が自然数ならば，左の式は成り立たない。

以上から，本例題の解は (2, 3) のみである。

例題3 次の連立方程式を解け。

$$\begin{cases} x + \dfrac{1}{y} = 1 & \cdots\cdots ① \\ \dfrac{1}{x} + y = 4 & \cdots\cdots ② \end{cases}$$

解説 最初に問題の形から，

$x \neq 0, \quad y \neq 0$

であることが前提となる。

① の両辺に y を掛け，② の両辺に x を掛けると，それぞれ順に

$$\begin{cases} xy + 1 = y & \cdots\cdots ③ \\ 1 + xy = 4x & \cdots\cdots ④ \end{cases}$$

が成り立つ。

次に，③ 式から ④ 式を辺々引くことによって，

$y = 4x$

であることが分かる。これを ④ 式に代入すると，

$1 + 4x^2 = 4x$

$4x^2 - 4x + 1 = 0$

$(2x-1)^2 = 0$

$x = \dfrac{1}{2}, \quad y = 2$

を得る。

例題 4 x についての次の不等式を解け。

$$\frac{1}{x} > 4 - x$$

解説 不等式の問題を解くとき，不等式の両辺に負の数を掛けると向きが変わることが，最も注意すべきことは広く認識されている。本例題で分母を払うためには x を両辺に掛けるので，x が正と負の場合を別々に考えることが必要である。

$x > 0$ のとき，与不等式の両辺に x を掛けると，

$1 > x(4-x)$

$x^2 - 4x + 1 > 0$

$(x - 2 + \sqrt{3})(x - 2 - \sqrt{3}) > 0$

$x < 2 - \sqrt{3}, \quad x > 2 + \sqrt{3}$

を得る。ここで，$x > 0$ の条件があるので，

$0 < x < 2 - \sqrt{3}, \quad x > 2 + \sqrt{3}$ ……(∗)

が導かれる。

一方，$x < 0$ のときは，問題の与不等式の左辺は負で，右辺は正になるので，与不等式は成り立たない。したがって，本例題の解は (∗) である。

さて，上で述べたように不等式の問題が難しくなる要点は，

負の数を両辺に掛けるときである。そこで，できれば「方程式を解く」ことだけによって，解を得るに越したことはない。その立場から考えるために，図すなわちグラフを用いて考えるとよい。

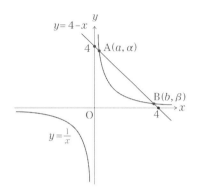

上図のように，xy 座標平面上に，$y = \dfrac{1}{x}$ と $y = 4 - x$ のグラフを描いて，図にあるような交点 $A(a, \alpha)$, $B(b, \beta)$ の x 座標を「方程式」によって求めると，例題の解は

$$0 < x < a, \quad b < x$$

となる。実際，方程式

$$\frac{1}{x} = 4 - x$$

を解いて（前述参照），

$$a = 2 - \sqrt{3}, \quad b = 2 + \sqrt{3}$$

を得る。

例題5 x についての次の方程式を解け。
$$2x - \sqrt{x-2} = 5 \quad \cdots\cdots(*)$$

解説 根号記号の中は非負なので，$x \geqq 2$ は必要条件となる。このとき $(*)$ を
$2x - 5 = \sqrt{x-2}$
と変形して，この両辺を 2 乗すると，
$4x^2 - 20x + 25 = x - 2$
$4x^2 - 21x + 27 = 0$
$(4x - 9)(x - 3) = 0$
$x = 3, \dfrac{9}{4}$

を得る。

　ここまでの議論を振り返ると，$(*)$ から $x = 3, \dfrac{9}{4}$ が導かれるということである。そこで，$x = 3, x = \dfrac{9}{4}$ それぞれについて，$(*)$ を満たすか否かをチェックしなければならない。実際，$x = 3$ は満たすが，$x = \dfrac{9}{4}$ は満たさない。その背景には，次のグラフにおいて，点 A の x 座標は 3 で，B の x 座標は $\dfrac{9}{4}$ であることがある。

第 2 章　方程式・不等式と論理

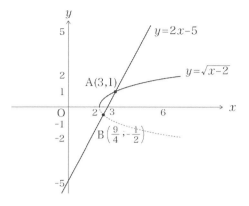

以上から本例題の解は，$x = 3$ である。

▬▬ 3節　集合と論理 ▬▬

　必要条件，十分条件，必要十分条件（同値）などは論理を学ぶ基礎である。本節ではそれらに関する演習を学ぶことになるが，実はそれらを考えるとき，「ある」数値を入れて確かめるか，「すべての」数値を念頭に置いて確かめるか，などのチェックは普通頭の中で行うことになる。それが大学数学の入門で，大いに役立つのである。

例題 1　次の各文章の □ の中に，以下にある適切な文の記号を入れよ。

必十 …… 必要十分条件である

必 …… 必要条件であるが十分条件ではない

十 …… 十分条件であるが必要条件ではない

× …… 十分条件でも必要条件でもない

(1)　$x+y$ と xy が整数であることは，x と y が整数であるための □。
（ヒント：無理数 + 無理数は必ず無理数になるか）

(2)　$x+y > 2$ と $xy > 1$ が成り立つことは，$x > 1$ と $y > 1$ が成り立つための □。

(3)　$ac < 0$ であることは，2次方程式 $ax^2 + bx + c = 0$ が実数解をもつための □。ただし，a, b, c は実数とする。

(4)　$b < 0$ であることは，2次方程式 $x^2 + bx + c = 0$ が2つの正の解をもつための □。ただし，b, c は実数

とする。

解説 この種の問題でまず気をつけることは，必要十分条件，必要条件，十分条件の言葉の意味である。教員でもたまに勘違いする人もいるので，注意が大切である。もっとも，問題を解く段階で大切なことは，論理文「$p \Rightarrow$（ならば）q」が成り立つか否かを考えるとき，あらゆる状況をしっかりチェックすることである。そして，山勘で答えることは慎まなければならない。

(1) 「x と y が整数 $\Rightarrow x+y$ と xy は整数」は明らかに成り立つ。一方，「$x+y$ と xy は整数 $\Rightarrow x$ と y が整数」は成り立たない。例として，
$$x = \sqrt{2}, \quad y = -\sqrt{2}$$
よって，答えは 必

(2) 「$x > 1, y > 1 \Rightarrow x+y > 2, xy > 1$」は明らかに成り立つ。一方，「$x+y > 2, xy > 1 \Rightarrow x > 1, y > 1$」は成り立たない。例として，
$$x = 5, \quad y = 0.5$$
よって，答えは 必

(3) 2次方程式 $ax^2 + bx + c = 0$ の解の公式
$$x = \frac{-b \pm \sqrt{b^2 - 4ac}}{2a}$$
を考えると，$ac < 0$ ならば実数解をもつことが分かる。一方，

「2次方程式 $ax^2+bx+c=0$ は実数解をもつ $\Rightarrow ac<0$」は成り立たない。例として,
$$a=1, b=2, c=1$$
よって,答えは $\boxed{十}$

(4) (3)で示した解の公式より,2次方程式 $x^2+bx+c=0$ が2つの正の解をもつならば,
$$-b-\sqrt{b^2-4c}>0$$
$$0\geqq -\sqrt{b^2-4c}>b$$
となる。一方,「$b<0 \Rightarrow$ 2次方程式 $x^2+bx+c=0$ は2つの正の解をもつ」は成り立たない。例として,
$$b=-1, \quad c=-2$$
よって,答えは $\boxed{必}$

例題2 a, b を自然数とするとき,$\sqrt{2}$ は $\dfrac{b}{a}$ と $\dfrac{2a+b}{a+b}$ の間にあることを証明せよ。

解説 よく知られているように,$\sqrt{2}$ は無理数である。したがって,
$$\sqrt{2}=\frac{b}{a} \quad \text{あるいは} \quad \sqrt{2}=\frac{2a+b}{a+b}$$
ということはない。さらに,問題文の表現の「間にあること」に注目しても分かるように,
$$\frac{2a+b}{a+b}<\sqrt{2}<\frac{b}{a} \quad \text{あるいは} \quad \frac{b}{a}<\sqrt{2}<\frac{2a+b}{a+b}$$
の成立を示すことを求めていることが理解できるだろう。実

際，a と b の値を適当にとれば，$\dfrac{b}{a}$ は $\sqrt{2}$ よりも大きくなるし，小さくもなる。

本例題の問題文にある条件は上で述べたことが含まれているのであり，以下，

$$\sqrt{2} < \dfrac{b}{a} \quad \cdots\cdots (\mathcal{P})$$

$$\dfrac{b}{a} < \sqrt{2} \quad \cdots\cdots (\mathcal{I})$$

それぞれの場合に分けて考えよう。

（ア）の場合
$$\sqrt{2}a < b$$
であるので，
$$\dfrac{2a+b}{a+b} < \dfrac{2a+\sqrt{2}a}{a+\sqrt{2}a} = \sqrt{2}$$
が成り立つ。なお，上の不等号の成立は，直観的には
$$\dfrac{7}{4} < \dfrac{7-2}{4-2} = \dfrac{5}{2}$$
を想像すれば分かる。そして，厳密には
$$\begin{aligned}&(2a+b)(a+\sqrt{2}a) - (a+b)(2a+\sqrt{2}a)\\&= 2\sqrt{2}a^2 + ab - \sqrt{2}a^2 - 2ab\\&= \sqrt{2}a^2 - ab = a(\sqrt{2}a - b) < 0\end{aligned}$$
と計算しても，確かめられることである。したがって，（ア）の場合は証明は終わる。

（イ）の場合
$$b < \sqrt{2}a$$

であるので，（ア）と同じように考えて

$$\frac{2a+b}{a+b} > \frac{2a+\sqrt{2}a}{a+\sqrt{2}a} = \sqrt{2}$$

の成立が分かる。よって，（イ）の場合も証明は終わる。

例題3 3次方程式

$$x^3 + ax^2 + bx + c = 0$$

の3つの解のうち2つの解の和が0であるために，$c = ab$ となることは，必要十分条件であることを証明せよ。

解説 与方程式の3つの解を α, β, γ とするとき，2つの解の和が0ということは，

$\alpha + \beta = 0$ または $\beta + \gamma = 0$ または $\gamma + \alpha = 0$

が成り立つことである。それは，

$(\alpha + \beta)(\beta + \gamma)(\gamma + \alpha) = 0$ ……①

の成立と同値である。

したがって本例題は，① と $c = ab$ が同値であることを示せばよいのである。その準備として，解と係数の関係

$\alpha + \beta + \gamma = -a$

$\alpha\beta + \beta\gamma + \gamma\alpha = b$

$\alpha\beta\gamma = -c$

を用意する。

そして，① と $c = ab$，すなわち ① と

$(\alpha + \beta + \gamma)(\alpha\beta + \beta\gamma + \gamma\alpha) = \alpha\beta\gamma$ ……②

が同値であることを示せばよいのである。以下の変形が次々

と成り立つので,証明は完成することになる。

$$
\begin{aligned}
② \text{ が成立} &\Leftrightarrow \alpha^2\beta + \alpha\beta\gamma + \alpha^2\gamma + \alpha\beta^2 + \gamma\beta^2 \\
&\qquad + \alpha\beta\gamma + \alpha\beta\gamma + \beta\gamma^2 + \alpha\gamma^2 = \alpha\beta\gamma \\
&\Leftrightarrow \alpha^2\beta + \alpha^2\gamma + \alpha\beta\gamma + \alpha\beta^2 + \alpha\gamma^2 + \gamma\beta^2 \\
&\qquad + \alpha\beta\gamma + \beta\gamma^2 = 0 \\
&\Leftrightarrow \alpha^2(\beta + \gamma) + \alpha(2\beta\gamma + \beta^2 + \gamma^2) \\
&\qquad + \beta\gamma(\beta + \gamma) = 0 \\
&\Leftrightarrow \alpha^2(\beta + \gamma) + \alpha(\beta + \gamma)^2 + \beta\gamma(\beta + \gamma) = 0 \\
&\Leftrightarrow (\beta + \gamma)\{\alpha^2 + \alpha(\beta + \gamma) + \beta\gamma\} = 0 \\
&\Leftrightarrow (\beta + \gamma)(\alpha + \beta)(\alpha + \gamma) = 0 \\
&\Leftrightarrow ① \text{が成立}
\end{aligned}
$$

なお上では,

② が成立 ⇔ ⋯ ⇔ ⋯ ⇔ ① が成立

を示した。しかし,一般に「A⇔B」を示すときは,「A⇒B」と「A⇐B」を別々に示すことがむしろ普通であり,それで一向に構わないのである。

第 3 章

平面図形と関数

まとめと発見的問題解決法

● 直線と円

xy 座標平面では、両方の軸を除く部分は 4 つに分割され、それらを図のように第 1 象限、第 2 象限、第 3 象限、第 4 象限と呼ぶ。

[公式 1]

2 点 $A(x_1, y_1)$, $B(x_2, y_2)$ に対し、

$$\overline{AB} = \sqrt{(x_2 - x_1)^2 + (y_2 - y_1)^2}$$

[公式 2]

2 点 $A(x_1, y_1)$, $B(x_2, y_2)$ を結ぶ線分 AB を、

(i) $m:n$ に**内分**する点の座標

$$\left(\frac{mx_2 + nx_1}{m+n}, \ \frac{my_2 + ny_1}{m+n} \right)$$

(ii) $m:n$ に**外分**する点の座標

$$\left(\frac{mx_2 - nx_1}{m-n},\ \frac{my_2 - ny_1}{m-n}\right)$$

[公式3]

点 (x_1, y_1) を通り,傾き m の**直線の方程式**は,

$$y - y_1 = m(x - x_1)$$

[公式4]

異なる2点 $A(x_1, y_1)$, $B(x_2, y_2)$ を通る**直線の方程式**は,

(i) $x_1 = x_2$ ならば, $x = x_1$

(ii) $x_1 \neq x_2$ ならば, $y - y_1 = \dfrac{y_2 - y_1}{x_2 - x_1}(x - x_1)$

[定理1]

2つの直線

$$y = ax + b, \quad y = mx + n$$

が,**平行**であるためには $\boldsymbol{a = m}$ であることが必要十分条件で,**垂直**であるためには $\boldsymbol{am = -1}$ であることが必要十分条件である。

[定理2]

点と直線の距離

> xy 座標平面上の点 $\mathrm{P}(x_1, y_1)$ と直線 $ax+by+c=0$ の距離 d は，
> $$d = \frac{|ax_1 + by_1 + c|}{\sqrt{a^2+b^2}}$$
> で与えられる。

[公式 5]
> 点 (a, b) を中心とした半径 r の**円の方程式**は，
> $$(x-a)^2 + (y-b)^2 = r^2$$

● 写像と 2 次関数

X, Y を集合とし，集合 X の各要素をそれぞれ集合 Y の 1 つの要素に対応させるとき，その対応を X から Y への**写像**という。いま，X から Y への写像 f があるとき，それを

$$f : X \to Y$$

と表す。さらに，X の要素 x が Y の要素 y に対応しているとき，y を f による x の**像**といい，

$$y = f(x)$$

と書く。

普通，数の集合から数の集合への写像を**関数**という。した

がって,関数は写像である。

集合 A, B, C と写像

$$f : A \to B, \quad g : B \to C$$

が与えられているとき,A の各要素 x に対して $g(f(x))$ を対応させる A から C への写像を f と g の**合成写像**といい,$\boldsymbol{g \circ f}$ で表す。ここで,f と g の順番に注意する。

集合 X から集合 Y への写像 f があるとき,X を f の**定義域**という。また,X の要素の f による像全体からなる Y の部分集合

$$\{f(x) | x \in X\}$$

を,f の**値域**という。

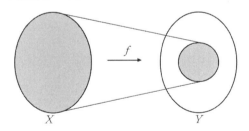

集合 X から集合 Y への写像 f について,f の値域が Y と一致するとき,f を X から Y の**上への写像**という。

集合 X から集合 Y への写像 f について,X の異なる要素 x_1, x_2 の像 $f(x_1), f(x_2)$ が必ず異なるとき,f を X から Y への **1 対 1 の写像**という。

集合 X から集合 Y への写像 f について，f が X から Y の上への写像であり，かつ X から Y への 1 対 1 の写像であるならば，f を X から Y の**上への 1 対 1 の写像**という．

　集合 X から集合 Y の上への 1 対 1 の写像 f に関し，Y の各要素 y に対して

　　$f(x) = y$

となる x がただ 1 つ存在する．そのようにして，Y の各要素 y に対して X の要素 x を対応させると，Y から X の上への 1 対 1 の写像 g が定まる．この g を f の**逆写像**といい，f^{-1} で表すことがある．

　　$(f^{-1})^{-1} = f$

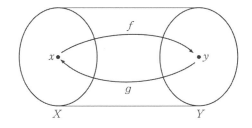

すなわち，逆写像の逆写像は元の写像になる．

　x の 2 次式で表される 2 次関数

　　$y = ax^2 + bx + c$

は，

$$y = a\left(x + \frac{b}{2a}\right)^2 - \frac{b^2 - 4ac}{4a}$$

と変形されるので，2 次関数

$$y = ax^2$$

を x 軸方向に $-\dfrac{b}{2a}$ 平行移動し，y 軸方向に $-\dfrac{b^2 - 4ac}{4a}$ 平行移動したものである。

それゆえ，a が正のときは**最小値** $-\dfrac{b^2 - 4ac}{4a}$ をとり（**ア**），a が負のときは**最大値** $-\dfrac{b^2 - 4ac}{4a}$ をとる（**イ**）。

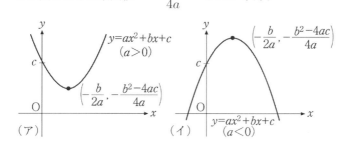

関数が最小値（(**ア**)の場合）や最大値（(**イ**)の場合）をとることを示しているグラフ上の点

$$\left(-\frac{b}{2a},\ -\frac{b^2 - 4ac}{4a}\right)$$

を 2 次関数の（グラフの）**頂点**という。また，頂点を通る直線

$$x = -\frac{b}{2a}$$

を 2 次関数の（グラフの）**軸**という。

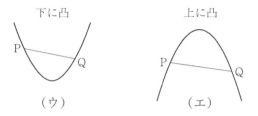

なお，（**ア**），（**イ**）のグラフ上の相異なる 2 点 P, Q をとると，その 2 点の間でグラフは線分 PQ より必ず下側（上側）にある（（**ウ**），（**エ**））。そのような状態を，**下に凸（上に凸）**という。

● 分数関数と無理関数

変数 x の分数式で表される

$$y = \frac{3}{x}, \quad y = -\frac{3x^2 + 2x - 1}{x^2 - 3}$$

のような関数を，x の**分数関数**という。普通，分数関数の定義域は，分母を 0 にしない x の値全体からなる集合である。

上の例では，前者の定義域は，$\{x \mid x \neq 0\}$ で，後者のそれは $\{x \mid x \neq \pm\sqrt{3}\}$ である。

次の図において，x 軸と y 軸は双曲線が限りなく近づいていく直線であるが，そのような直線を**漸近線**という。直交する 2 直線が漸近線となる双曲線をとくに**直角双曲線**という。

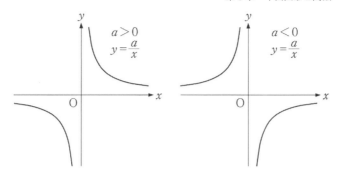

根号内に変数 x で表された式が入る

$$y = \sqrt{2x}, \quad y = \sqrt{-x^2 + 2x + 4}$$

のような関数を，x の**無理関数**という。

普通，無理関数の定義域は，根号の中を負にしない x の値全体からなる集合である。上の例では，前者の定義域は $\{x \mid x \geqq 0\}$ で，後者のそれは $\{x \mid 0 \leqq x \leqq 2\}$ である。

$a \neq 0$ とするとき xy 座標平面上で無理関数

$$y = \sqrt{ax}, \quad y = -\sqrt{ax}$$

のグラフは図 1 のようになる。

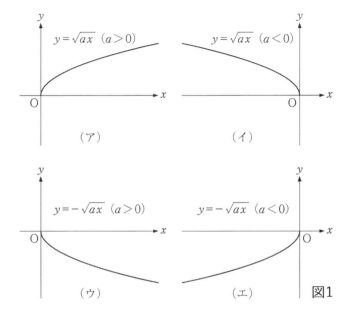

図1

また，図1の(ア),(イ),(ウ),(エ)で表される無理関数は，それぞれ図2の(ア),(イ),(ウ),(エ)で表される関数の逆関数になっている。

第 3 章　平面図形と関数

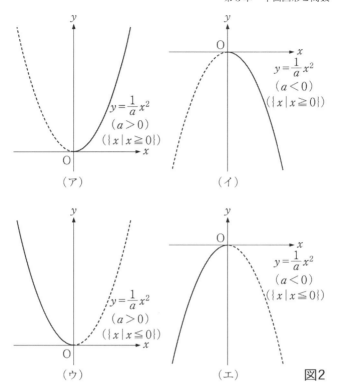

図2

[定理3]

関数 f が逆関数 g をもつとき，関数 $y = f(x)$ のグラフと逆関数 $y = g(x)$ のグラフは直線 $y = x$ に関して対称である。

1節　直線と円

算数でも直線と円は学んでいる。それらを解析幾何学的に座標平面上で演習を通して学ぶ。とくに経営数学で重要な線形計画法，あるいは非線形計画法の基礎を，2つの変数に限定して扱う。座標平面上での距離や領域の扱いに慣れることが本質にある。

例題1　$f(x)$ は x の1次関数で，

$$1 \leqq f(3) \leqq 2, \quad 3 \leqq f(4) \leqq 4$$

を満たすとき，$f(5)$ のあり得る範囲を求めよ。

解説　$y = f(x)$ のグラフを xy 座標平面上に描くと，1次関数ゆえ，直線のグラフになる。本問題は，数式だけ見るのではなく，実際にグラフを描いて視覚的に考えるとすぐに解決する。

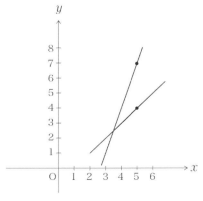

直観的ではあるが，上のグラフを見ることによって，
$$4 \leqq f(5) \leqq 7$$
であることが分かる。

例題 2 a, b を正の数とするとき，2 つの直線
$$\frac{x}{a} + \frac{y}{b} = 1, \quad \frac{x}{a} + \frac{y}{b} = 2$$
は平行であることを示し，それらの間の距離を求めよ。

解説 中学数学で学んだことであるが，前者は $A(a, 0)$ と $B(0, b)$ を通る直線で，後者は $C(2a, 0)$ と $D(0, 2b)$ を通る直線である（次の図参照）。どちらも傾きが $-\dfrac{b}{a}$ の直線で，それら 2 直線間の距離を求めることになる。

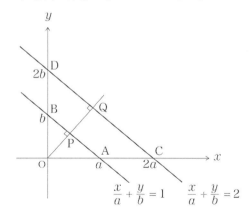

原点から直線 $\dfrac{x}{a} + \dfrac{y}{b} = 1$, $\dfrac{x}{a} + \dfrac{y}{b} = 2$ へ垂線を引き,交点を順に P, Q とする。三角形の相似の性質を用いて,
$$\overline{\mathrm{OP}} : \overline{\mathrm{PQ}} = \overline{\mathrm{OA}} : \overline{\mathrm{AC}} = 1 : 1$$
であるから,$\overline{\mathrm{OP}}$ を求めればよい。

直角三角形 BPO と直角三角形 BOA は相似であるから,
$$\overline{\mathrm{OP}} : \overline{\mathrm{OB}} = \overline{\mathrm{AO}} : \overline{\mathrm{AB}}$$
が成り立つ。また,三平方の定理より,
$$\overline{\mathrm{AB}} = \sqrt{a^2 + b^2}$$
となるので,
$$\overline{\mathrm{OP}} : b = a : \sqrt{a^2 + b^2}$$
$$\overline{\mathrm{OP}} = \dfrac{ab}{\sqrt{a^2 + b^2}}$$
を得る。したがって,求める距離は $\dfrac{ab}{\sqrt{a^2 + b^2}}$ である。

例題3 2 点 A(4, 5), B(−2, 1) を両端とする線分 AB が,直線 $y = ax + b$ とちょうど 1 点を共有するとき,次式が成り立つことを証明せよ。
$$(b - 2a - 1)(b + 4a - 5) \leqq 0$$

解説 まずは,直線 AB の方程式を求めると,
$$y - 5 = \dfrac{5 - 1}{4 - (-2)}(x - 4)$$
$$y - 5 = \dfrac{2}{3}(x - 4)$$

第3章　平面図形と関数

$$y = \frac{2}{3}x + \frac{7}{3}$$

となる。仮定より，直線 AB と直線 $y = ax + b$ が一致したり平行なことはないので，$a \neq \frac{2}{3}$ でなければならない。そして，直線 AB と直線 $y = ax + b$ との交点の x 座標を求めると，

$$ax + b = \frac{2}{3}x + \frac{7}{3}$$

$$\left(a - \frac{2}{3}\right)x = \frac{7}{3} - b$$

$$x = \frac{\frac{7}{3} - b}{a - \frac{2}{3}} = \frac{7 - 3b}{3a - 2}$$

を得る。ここで，2 点 A(4, 5)，B(−2, 1) を両端とする線分 AB が，直線 $y = ax + b$ と 1 点で交わるということは，上で示した交点の x 座標が，−2 以上 4 以下ということである。すなわち，

$$-2 \leqq \frac{7 - 3b}{3a - 2} \leqq 4$$

ということである。あとは，上の不等式から結論の不等式を導けばよいのである。

よく知られているように，次の 2 つの不等式は同値である。

$(X + 2)(X - 4) \leqq 0$　と　$-2 \leqq X \leqq 4$

したがって，

$$\left(\frac{7 - 3b}{3a - 2} + 2\right)\left(\frac{7 - 3b}{3a - 2} - 4\right) \leqq 0$$

105

が成り立つ。そして両辺に正の数 $(3a-2)^2$ を掛けると，
$$\{7-3b+2(3a-2)\}\{7-3b-4(3a-2)\} \leqq 0$$
$$(-3b+6a+3)(-3b-12a+15) \leqq 0$$
$$(b-2a-1)(b+4a-5) \leqq 0$$
が導かれる。

例題 4 以下の条件を満たす領域を図示せよ。
$$\frac{y}{x} - \frac{x}{y} > 0$$

解説 まず与式から，$x \neq 0, y \neq 0$ でなければならない。すなわち，x 軸と y 軸は求める領域から除外される。そして，分かりやすく考えるために，与式の両辺に xy を掛けることになるが，注意しなくてはならないことがある。それは，xy が正の場合，すなわち第 1 象限と第 3 象限の場合と，xy が負の場合，すなわち第 2 象限と第 4 象限の場合を区別して考える必要がある。

・$xy > 0$（第 1 象限と第 3 象限）の場合。与式の両辺に xy を掛けると，
$$y^2 - x^2 > 0$$
$$(y-x)(y+x) > 0$$
「$y > x$ かつ $y > -x$」または「$y < x$ かつ $y < -x$」を得る。

・$xy < 0$（第 2 象限と第 4 象限）の場合。与式の両辺に xy を掛けると，

$y^2 - x^2 < 0$

$(y-x)(y+x) < 0$

「$y > x$ かつ $y < -x$」または「$y < x$ かつ $y > -x$」
を得る。

以上から，求める領域は次の図の斜線部分になる（境界は除く）。

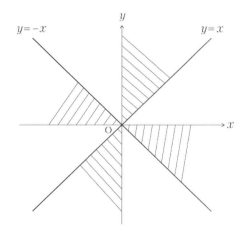

なお，領域の問題を考えるとき，具体的な点について斜線を引いた部分に含まれているか否かをチェックすることが望ましい。本問題については，たとえば点 $(1, 2)$ で確かめると，以下のようになる。

$$\frac{2}{1} - \frac{1}{2} = \frac{3}{2} > 0$$

多くの問題については上図のように，境界の隣同士は「含

む」「含まれない」の関係において逆のように見えるが，必ずしもそうなるとは限らないことに留意したい。たとえば，

$$y < \frac{1}{|x|}$$

を満たす領域を図示すると，次のようになる（境界は双曲線部分と y 軸）。

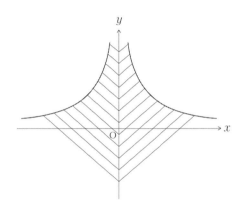

例題 5　下図において,六角形 ABCDEF の周囲と内側を合わせた領域を (x, y) が動くとき, $2x + 3y$ の最大値および最小値を求めよ。

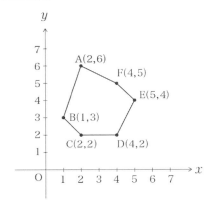

解説　この問題は,いわゆる線形計画問題で,これは 2 次元でのものである。一般的に述べると,x, y についてのいくつかの 1 次不等式によって表される領域と 1 次式 $ax + by$ があるとき,(x, y) が領域内を動くときの $ax + by$ の最大値や最小値を求める問題である。

本問題に関してもそうであるが,図示された領域内のすべての点の座標を $2x + 3y$ に代入して調べることは無理である。無限個の点があるからである。そこで,
$$2x + 3y = k$$
とおいて,k が最大値や最小値をとるときの (x, y) を領域内で見つければよい。

いま,

$$y = -\frac{2}{3}x + \frac{k}{3} \quad \cdots\cdots (*)$$

と変形してみると，k の最大値および最小値を与える (x, y) は，$\dfrac{k}{3}$ の最大値および最小値を与える (x, y) である。また，$\dfrac{k}{3}$ は直線 $(*)$ の y 切片である。それゆえ，(x, y) が点 F，点 C の座標となるときに，それぞれ k の最大値，最小値が与えられることになる。

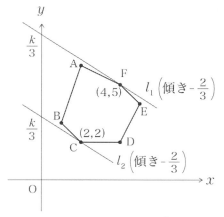

したがって，$(x, y) = (4, 5)$ のとき $\dfrac{k}{3}$ は最大値（直線 l_1 の y 切片），$(x, y) = (2, 2)$ のとき $\dfrac{k}{3}$ は最小値（直線 l_2 の y 切片）をとる。よって，

  k の最大値 $= 2 \cdot 4 + 3 \cdot 5 = 23$
  k の最小値 $= 2 \cdot 2 + 3 \cdot 2 = 10$

となる。

第3章 平面図形と関数

　上の例題からも分かるように，2つの変数からなる線形計画問題を考えるとき，最大・最小の問題は（平面上の）領域の「端点」が鍵となる。実は，その性質は一般の n 個の変数からなる線形計画問題についても同じである。

　なお一般に，領域を決定する式に1次不等式でないものがあったり，目的とする最大値や最小値を考える $ax+by$ が1次式でない場合，線形計画問題とは言わずに非線形計画問題という。

例題 6　次の3つの不等式で表される領域を (x, y) が動くとき，$x^2 + y^2$ の最大値および最小値を求めよ。

$$\begin{cases} x - 2y + 7 \geqq 0 & \cdots\cdots ① \\ 4x - 3y - 12 \leqq 0 & \cdots\cdots ② \\ x + 2y - 3 \geqq 0 & \cdots\cdots ③ \end{cases}$$

解説　前で述べたように，この問題は非線形計画問題である。まず，3つの不等式で表される領域のグラフを描くと以下になる（境界を含む）。

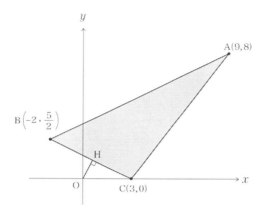

なお,上図において,A は ① の境界を示す直線と ② の境界を示す直線の交点であり,B は ① と ③ のそれであり,C は ② と ③ のそれである。

(x, y) が上の領域を動くとき,$x^2 + y^2$ の最大値,最小値を与える (x, y) は,$\sqrt{x^2 + y^2}$ の最大値,最小値を与える。したがって,原点から領域内の点までの距離に関する最大値,最小値を求め,それらを 2 乗すれば求める解となる。

明らかに,原点からの距離の最大値は,
$$\overline{OA} = \sqrt{9^2 + 8^2} = \sqrt{145}$$
である。また,原点から直線 $x + 2y - 3 = 0$ に引いた垂線の足(垂線との交点)を H とすると,H は領域内にあるので,原点からの距離の最小値は原点から直線 $x + 2y - 3 = 0$ までの距離

$$\frac{|0 + 2 \times 0 - 3|}{\sqrt{1^2 + 2^2}} = \frac{3}{\sqrt{5}}$$

となる。

以上から，最大値は 145，最小値は $\dfrac{9}{5}$ である。

例題7　xy 座標平面上で，3つの点 A$(0, 2)$，B$(1, -1)$，C$(1, 1)$ を通る円の中心と半径を求めよ。

解説　この問題は，与えられた3つの点を頂点とする三角形 ABC の外接円の半径と外心（外接円の中心）の位置を求める問題である。

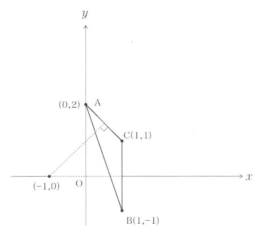

中学数学で学んだことから，線分 AC の垂直二等分線と線分 BC の垂直二等分線の交点が外心である。その座標は図を見ただけでも $(-1, 0)$ であることが分かる。そして外接円の半径は，点 A と点 $(-1, 0)$ との距離であるから，
$$\sqrt{1^2 + 2^2} = \sqrt{5}$$
となる。

次に,円の方程式を用いて本問題を解いてみよう。外接円の中心を (a, b), 外接円の半径を r とすると,外接円の方程式は次式となる。

$$(x-a)^2 + (y-b)^2 = r^2$$

外接円の周上に点 A, B, C があることから,次の3つの式が成り立つ。

$$\begin{cases} (0-a)^2 + (2-b)^2 = r^2 & \cdots\cdots ① \\ (1-a)^2 + (-1-b)^2 = r^2 & \cdots\cdots ② \\ (1-a)^2 + (1-b)^2 = r^2 & \cdots\cdots ③ \end{cases}$$

② 式から ③ 式を辺々引くと,

$$2b + 2b = 0$$
$$b = 0$$

を得る。$b = 0$ として,① 式から ② 式を辺々引くと,

$$2a - 1 + 4 - 1 = 0$$
$$2a + 2 = 0$$
$$a = -1$$

も得る。さらに,$a = -1, b = 0$ を ① に代入すると,

$$1^2 + 2^2 = r^2$$
$$r = \sqrt{5}$$

を得る。以上から,外接円の中心は $(-1, 0)$,半径は $\sqrt{5}$ である。

第3章 平面図形と関数

例題 8 xy 座標平面上の 2 点 A$(-9, 0)$, B$(-1, 0)$ に対し,

$$\overline{\mathrm{PA}} : \overline{\mathrm{PB}} = 3 : 1$$

を満たす点 P(x, y) の軌跡を求めよ。

解説 $\overline{\mathrm{PA}} : \overline{\mathrm{PB}} = 3 : 1$ であるから,
$$\overline{\mathrm{PA}} = 3\overline{\mathrm{PB}}$$
である。よって,
$$\sqrt{(x+9)^2 + y^2} = 3\sqrt{(x+1)^2 + y^2}$$
$$(x+9)^2 + y^2 = 9\{(x+1)^2 + y^2\}$$
$$x^2 + 18x + 81 + y^2 = 9x^2 + 18x + 9 + 9y^2$$
$$8x^2 + 8y^2 = 72$$
$$x^2 + y^2 = 9$$
を得る。上では,

$$[\overline{\mathrm{PA}} : \overline{\mathrm{PB}} = 3 : 1] \Rightarrow [x^2 + y^2 = 9]$$

が成り立つことを示したのである。さらに, 上の式変形を逆に一つずつ確かめると,

$$[\overline{\mathrm{PA}} : \overline{\mathrm{PB}} = 3 : 1] \Leftarrow [x^2 + y^2 = 9]$$

もいえることが分かる。

以上から点 P の軌跡は, 中心が原点, 半径が 3 の円である。

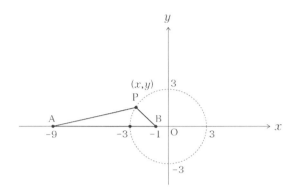

例題9 次の2つの式はどちらも円の方程式で,それらは相異なる2つの交点をもつ。

$$x^2 + y^2 - 2x - 4y - 11 = 0 \quad \cdots\cdots ①$$
$$x^2 + y^2 - 3x - 5y - 4 = 0 \quad \cdots\cdots ②$$

それを前提として,それら2つの交点を通る直線の方程式と,2つの交点同士の距離を求めよ。

解説 まず,① 式から ② 式を辺々引くと,
 $x + y - 7 = 0 \quad \cdots\cdots (*)$
を得る。$(*)$ が求める直線の方程式となるが,少し分かりやすく述べておこう。

いま,(a, b) と (c, d) を2つの円の相異なる交点の座標とすると,点 (a, b) は ① の円の上にあり,② の円の上にもある。また,(c, d) も ① の円の上にもあり,② の円の上にもある。

よって，以下の 4 つの式を満たす．
$$a^2 + b^2 - 2a - 4b - 11 = 0$$
$$a^2 + b^2 - 3a - 5b - 4 = 0$$
$$c^2 + d^2 - 2c - 4d - 11 = 0$$
$$c^2 + d^2 - 3c - 5d - 4 = 0$$
したがって，
$$a + b - 7 = 0$$
$$c + d - 7 = 0$$
も成り立つ．これは，点 (a, b) と点 (c, d) が直線（∗）上の異なる 2 つの点であることを意味する．よって，（∗）が 2 つの交点を通る直線の方程式となる．

次に，$y = -x + 7$ を ① に代入すると，
$$x^2 + (-x + 7)^2 - 2x - 4(-x + 7) - 11 = 0$$
$$2x^2 - 14x + 49 - 2x + 4x - 28 - 11 = 0$$
$$2x^2 - 12x + 10 = 0$$
$$x^2 - 6x + 5 = 0$$
$$(x - 1)(x - 5) = 0$$
を得る．したがって，直線（∗）と ① で表される円との交点の座標は
$$(1, 6) と (5, 2)$$
で，これらは 2 つの円の交点の座標である．そして，それら交点同士の距離は
$$\sqrt{(5 - 1)^2 + (2 - 6)^2} = 4\sqrt{2}$$
となる．

なお，本問題における ① と ② で表せる 2 つの円が仮に共有点をもたなくても，形式的に（∗）に相当する式は導かれることに留意したい．

例題10 xy 座標平面上で，中心が (a, b)，半径が r の円がある。このとき，円周上の点 (x_0, y_0) における接線の方程式は，

$$(x_0 - a)(x - a) + (y_0 - b)(y - b) = r^2$$

で与えられることを証明せよ。

解説 明らかに，

円周上の点 $(a, b \pm r)$ における接線の式は $y = b \pm r$

円周上の点 $(a \pm r, b)$ における接線の式は $x = a \pm r$

となるので，このような特殊な状況では結論は成り立つ。そこで以下，それ以外の場合で考えよう。

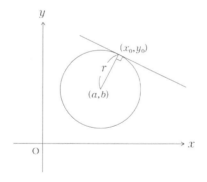

(a, b) と (x_0, y_0) を結ぶ直線の傾きは

$$\frac{y_0 - b}{x_0 - a}$$

であるので，(x_0, y_0) における接線の傾きは

$$-\frac{x_0 - a}{y_0 - b}$$

である。したがって，(x_0, y_0) における接線の方程式は，

$$y - y_0 = -\frac{x_0 - a}{y_0 - b}(x - x_0)$$
$$(y_0 - b)(y - y_0) = -(x_0 - a)(x - x_0)$$
$$(x_0 - a)(x - x_0) + (y_0 - b)(y - y_0) = 0$$

である。

ここで証明したい目的の式と上式を比べてみて，とりあえず，そのズレを埋めるような式変形を上式に施してみよう。上式から，以下の式変形が順に成り立つ。

$$(x_0 - a)\{(x - a) + (a - x_0)\}$$
$$+ (y_0 - b)\{(y - b) + (b - y_0)\} = 0$$
$$(x_0 - a)(x - a) + (y_0 - b)(y - b)$$
$$- (x_0 - a)^2 - (y_0 - b)^2 = 0$$
$$(x_0 - a)(x - a) + (y_0 - b)(y - b)$$
$$= (x_0 - a)^2 + (y_0 - b)^2$$

ここで，(x_0, y_0) は円周上の点であるので，

$$(x_0 - a)^2 + (y_0 - b)^2 = r^2$$

が成り立つ。よって，目的の式が導かれたことになる。

例題 11 xy 座標平面上で，2 つの点 $(5, 1)$, $(-2, 8)$ を通り x 軸に接する円の方程式を求めよ。

解説 求める円は，中心が (a, b)，半径が r とする。その方程式は
$$(x - a)^2 + (y - b)^2 = r^2$$
と表せるが，円周上に 2 つの点 $(5, 1)$, $(-2, 8)$ があるという条件だけでは，もちろん a, b, r の 3 つの値を決定することはできない。そこで，「円は x 軸に接する」という条件に目を向けることになる。

2 つの点 $(5, 1)$, $(-2, 8)$ は x 軸より上の位置にあるので，その 2 点を通り x 軸に接する円の中心も，x 軸の上の位置になくてはならない。その状況を簡単な図を描いて考えると，
$$b = r$$
であることがすぐに分かる。さらに，求める円は 1 つしかないかを疑ってみると，次の図のように 2 つあることに気づくだろう。

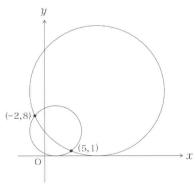

第 3 章 平面図形と関数

　意外とこの図に気づくことが難しいのであり，本問題を解くときの要点であるかもしれない。もちろん，以下のように計算していく段階で気づくこともある。

　以上を踏まえて，連立方程式

$$\begin{cases} (5-a)^2 + (1-r)^2 = r^2 & \cdots\cdots ① \\ (-2-a)^2 + (8-r)^2 = r^2 & \cdots\cdots ② \end{cases}$$

を解けばよいことになる。よって，

$$\begin{cases} -10a + a^2 + 26 - 2r = 0 & \cdots\cdots ③ \\ 4a + a^2 + 68 - 16r = 0 & \cdots\cdots ④ \end{cases}$$

を解けばよいことになる。

　③ 式から ④ 式を辺々引くと，

$$-14a + 14r - 42 = 0$$
$$r = a + 3$$

を得る。上式を ③ 式に代入すると，

$$-10a + a^2 + 26 - 2(a+3) = 0$$
$$a^2 - 12a + 20 = 0$$
$$a = 2, 10$$

が導かれる。$a = 2$ のとき $r = 5$，$a = 10$ のとき $r = 13$ となるので，求める解は以下の 2 つの式である。

$$(x-2)^2 + (y-5)^2 = 5^2$$
$$(x-10)^2 + (y-13)^2 = 13^2$$

2節　写像と2次関数

2次関数のグラフの演習を通して，まず関数のいろいろな移動を学ぶ。また物理現象ばかりでなく広い範囲において，2次関数で考える課題は多々ある。実際，入学試験でも2次関数に関しては多様な角度からの問題が出題されている。それを踏まえて，2次関数の演習問題は構成されている。

例題1　xy 座標平面上の放物線

$$y = 2x^2 - 4x + 1 = 2(x-1)^2 - 1$$

のグラフを，以下のように移動させたときの式を求めよ。

(1)　x 軸の正の方向に3平行移動して，y 軸の正の方向に2平行移動する。
(2)　原点に関して対称に移動する。
(3)　x 軸に関して対称に移動する。
(4)　y 軸に関して対称に移動する。

解説　(1)　普通は次のように行うだろう。

x を $x-3$ に置き換えると，グラフは右（x 軸の正の方向）に3移動することになる。さらに，そのように移動した関数を $y = f(x)$ とするとき，$y = f(x) + 2$ は $y = f(x)$ のグラフを上（y 軸の正の方向）に2移動することになる。したがって，求める解は，

$$y = \{2(x-3)^2 - 4(x-3) + 1\} + 2$$

$$y = 2x^2 - 12x + 18 - 4x + 12 + 1 + 2$$
$$y = 2x^2 - 16x + 33$$

となる。

もちろん,上の解答でよいのであるが,もう少し詳しく考えてみよう。

点 (x, y) を移動させた先を (X, Y) で表してみる。点 (x, y) は $(X, Y) = (x+3, y+2)$ に移動するので,

$$X = x+3, \quad Y = y+2$$
$$x = X-3, \quad y = Y-2$$

となる。この式を冒頭の式に代入すると,

$$Y - 2 = 2(X-3)^2 - 4(X-3) + 1$$
$$Y = 2X^2 - 16X + 33$$

を得る。そして,X を x,Y を y にそれぞれ置き換えて,答えを書けばよいのである。

なお最後に,具体的な点によってチェックしておくとよいだろう。たとえば,放物線の頂点 $(1, -1)$ が移動した先も放物線の頂点 $(4, 1)$ である,等々。

(2) 普通は次のように行うだろう。

原点に関して点 (x, y) と対称な点は $(-x, -y)$ である。そこで,x を $-x$ に置き換えて,y を $-y$ に置き換えて,以下のように計算する。

$$-y = 2(-x)^2 - 4(-x) + 1$$
$$y = -2x^2 - 4x - 1$$

もちろん,上の解答でよいのであるが,(1) と同様にもう少し詳しく考えてみよう。点 (x, y) を移動させた先を (X, Y)

で表してみる。点 (x, y) は $(X, Y) = (-x, -y)$ に移動するので，

$$X = -x, \quad Y = -y$$
$$x = -X, \quad y = -Y$$

となる。この式を冒頭の式に代入すると，

$$-Y = 2(-X)^2 - 4(-X) + 1$$
$$Y = -2X^2 - 4X - 1$$

となる。そして，X を x，Y を y にそれぞれ置き換えて，答えを書けばよいのである。

(3) 点 (x, y) は $(x, -y)$ に移動することに注意すれば，あとは **(1)** や **(2)** と同じである。

答えは，$y = -2x^2 + 4x - 1$

(4) 点 (x, y) は $(-x, y)$ に移動することに注意すれば，あとは **(1)** や **(2)** と同じである。

答えは，$y = 2x^2 + 4x + 1$

例題2 直線 $x + y - 1 = 0$ に関して，放物線 $y = x^2$ と対称な位置にある放物線の式を求めよ。

解説 例題1や例題2のような扱いやすい数値を使った問題では，式を用いてきちんと説明しなくても，大まかなグラフを描けば答えは分かるものである。その辺りを深く理解しようとして解説する。本問題に関してこれから述べることは，より一般化して理解できることに留意してもらいたい。

例題1のように，点 (x, y) を移動させた先を (X, Y) で表

してみる。点 (x, y) と (X, Y) は，直線 $x + y - 1 = 0$ に関して対称なので，次の 2 つのことが分かる。

・点 (x, y) と (X, Y) の中点は，直線 $x + y - 1 = 0$ 上にある。

・点 (x, y) と (X, Y) を結ぶ直線は，傾き -1 の直線 $x + y - 1 = 0$ と直交する。すなわち，傾き 1 となる。

したがって，以下の ① と ② が成り立つ。

$$\frac{x + X}{2} + \frac{y + Y}{2} - 1 = 0 \quad \cdots\cdots ①$$

$$\frac{Y - y}{X - x} = 1 \quad \cdots\cdots ②$$

①，② より，それぞれ

$$x + X + y + Y = 2 \quad \cdots\cdots ③$$
$$Y - y + x - X = 0 \quad \cdots\cdots ④$$

が導かれる。③ 式と ④ 式を辺々加えると，

$$2x + 2Y = 2$$
$$x = -Y + 1 \quad \cdots\cdots ⑤$$

を得る。それゆえ，③ より

$$-Y + 1 + X + y + Y = 2$$
$$y = -X + 1 \quad \cdots\cdots ⑥$$

も得る。

そこで，$y = x^2$ に ⑤，⑥ を代入すると，

$$-X + 1 = (-Y + 1)^2$$
$$X = -Y^2 + 2Y$$

が成り立つ。X を x，Y を y にそれぞれ置き換えて，次の答えを得る。

$x = -y^2 + 2y$

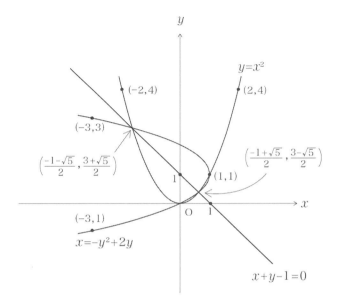

なお，曲線 $y = x^2$ と曲線 $x = -y^2 + 2y$ との交点を求めると，原点 $(0, 0)$，$(1, 1)$ の他に以下の2つの点がある。

$$\left(\frac{-1+\sqrt{5}}{2}, \frac{3-\sqrt{5}}{2} \right), \quad \left(\frac{-1-\sqrt{5}}{2}, \frac{3+\sqrt{5}}{2} \right)$$

実際，$y = x^2$ と $x = -y^2 + 2y$ との連立方程式を解くと，
$x = -x^4 + 2x^2$
$x^4 - 2x^2 + x = 0$
$x(x^3 - 2x + 1) = 0$

$$x(x-1)(x^2+x-1) = 0$$
$$x = 0,\ 1,\ \frac{-1 \pm \sqrt{5}}{2}$$

となる。また，

$$\left(\frac{-1 \pm \sqrt{5}}{2}\right)^2 = \frac{3 \mp \sqrt{5}}{2}$$

が成り立つ。

例題3　長さ l の紐を2つに切って，一方で正三角形，他方で正六角形を作る。このとき，どのように2つに切れば，それら2つの面積の和が最小になるか。

解説　正三角形に使うほうの長さを x とすると，正六角形に使うほうの長さは $l-x$ となる。ここで，

$$\text{一辺が } a \text{ の正三角形の面積} = \frac{\sqrt{3}}{4}a^2$$
$$\text{一辺が } b \text{ の正六角形の面積} = 6 \times \frac{\sqrt{3}}{4}b^2 = \frac{3\sqrt{3}}{2}b^2$$

なので，

$$\text{問題の面積の和 } S = \frac{\sqrt{3}}{4}\left(\frac{x}{3}\right)^2 + \frac{3\sqrt{3}}{2}\left(\frac{l-x}{6}\right)^2$$
$$= \frac{\sqrt{3}}{36}x^2 + \frac{\sqrt{3}}{24}(l-x)^2$$

となる。そこで，

$$\frac{72}{\sqrt{3}}S = 2x^2 + 3(l-x)^2$$

が最小になる x を求めればよいことになる。

2次関数の頂点の座標を求めるときのように，完全平方式をつくることを念頭において以下のように計算する。

$$
\begin{aligned}
\text{上式右辺} &= 2x^2 + 3x^2 - 6lx + 3l^2 \\
&= 5x^2 - 6lx + 3l^2 \\
&= 5\left(x^2 - \frac{6l}{5}x\right) + 3l^2 \\
&= 5\left\{\left(x - \frac{3l}{5}\right)^2 - \frac{9l^2}{25}\right\} + 3l^2 \\
&= 5\left(x - \frac{3l}{5}\right)^2 + \frac{6}{5}l^2
\end{aligned}
$$

となるので，

正三角形のほうの長さ：正六角形のほうの長さ
$$= \frac{3l}{5} : \frac{2l}{5} = 3 : 2$$

と切ると，2つの面積の和は最小になる。

例題4 m を $m \neq 0$ として動かすとき，放物線

$$y = mx^2 + 2x + 3$$

の頂点の軌跡を求めよ。

解説 与えられた放物線の式については，

$$y = mx^2 + 2x + 3 = m\left(x^2 + \frac{2}{m}x\right) + 3$$

$$= m\left\{\left(x + \frac{1}{m}\right)^2 - \frac{1}{m^2}\right\} + 3$$
$$= m\left(x + \frac{1}{m}\right)^2 - \frac{1}{m} + 3$$

が成り立つので，頂点の座標は

$$(x,\ y) = \left(-\frac{1}{m},\ -\frac{1}{m} + 3\right)$$

となる。それゆえ，頂点の座標 $(x,\ y)$ は

$$y = x + 3$$

を満たす。

上で分かったことは，頂点の軌跡は直線 $y = x + 3$ 上の点全体の集合に含まれる，ということである。式変形を見れば，$(x,\ y) \neq (0,\ 3)$ 以外の直線 $y = x + 3$ 上の点

$$(x,\ y) = \left(-\frac{1}{m},\ -\frac{1}{m} + 3\right)$$

は，放物線 $y = mx^2 + 2x + 3$ の頂点である。もちろん，点 $(0,\ 3)$ が放物線 $y = mx^2 + 2x + 3$ の頂点になることはない。なぜならば，$(0,\ 3)$ が頂点の放物線は

$$y = nx^2 + 3 \quad (n \neq 0)$$

と表されるからである。

以上から求める軌跡は，点 $(0,\ 3)$ を除く直線 $y = x + 3$ 上の点全体となる。

例題5 放物線 $y=x^2$ 上の点 P と直線 $x+y+3=0$ 上の点 Q とを結ぶ線分 PQ の長さの最小値を求めよ。

解説 下図を参考にして考えよう。

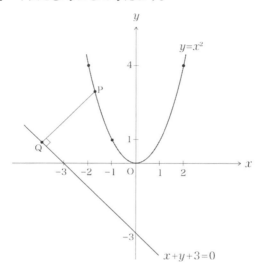

先に，微分の概念を知っているのであれば，放物線 $y=x^2$ は下に凸なので，直線 $x+y+3=0$ の傾きと同じ -1 が傾きとなる放物線上の点が，求める最小値を与える P であることが分かる（この場合は P が $\left(-\dfrac{1}{2}, \dfrac{1}{4}\right)$ のとき）。

ここでは，微分を用いないで普通に考えてみよう。

P の座標を (a, a^2) とすると，P と直線 $x+y+3=0$ との距離は，P から直線に垂線を引いた足（交点）をあらためて Q とするとき，点と直線の距離についての公式より，

第 3 章 平面図形と関数

$$\overline{\mathrm{PQ}} = \frac{|a+a^2+3|}{\sqrt{1+1}} = \frac{|a^2+a+3|}{\sqrt{2}} \quad \cdots\cdots (*)$$

である。そこで，a^2+a+3 の最小値を求めればよい。

$$a^2+a+3 = \left(a+\frac{1}{2}\right)^2 + \frac{11}{4}$$

であるので，$(*)$ は $a = -\dfrac{1}{2}$ のとき，最小値

$$\frac{11}{4\sqrt{2}} = \frac{11}{8}\sqrt{2}$$

をとる。

例題 6 xy 座標平面上で点 (x, y) が次の領域を動くときの，$2x - y$ の最大値と最小値を求めよ。

$$領域：y \geqq x^2 - 4x + 3, \quad x + y \leqq 7$$

解説 1 節で述べたように，この問題は非線形計画問題である。もっとも解法は，1 節で述べたそれが参考になるだろう。

まず，$x^2 - 4x + 3 = (x-1)(x-3)$ を参考にして，与えられた領域を描くと次の図となる。

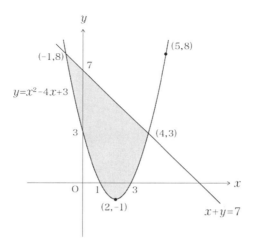

$$2x - y = k$$

とおいて，(x, y) が領域を動くときの，k の最大値と最小値を求めるのである。なお，

$$y = 2x - k \quad \cdots\cdots (*)$$

であるから，直線 $(*)$ の y 切片の大小関係と k の大小関係は逆になることに注意しなくてはならない。

そのことを留意すると，傾き 2 の直線 $(*)$ が点 $(-1, 8)$ を通るとき k は最小値をとる。この場合，

$$8 = 2(-1) - k$$

$$k = -10$$

である。

一方，k の最大値を考える場合，とりあえず直線 $(*)$ と放物線 $y = x^2 - 4x + 3$ が接する状況を考えてみる。そこで，2 次方程式

$$2x - k = x^2 - 4x + 3$$
すなわち
$$x^2 - 6x + k + 3 = 0 \quad \cdots\cdots ①$$
が重根をもつのは,
　判別式 $D = 6^2 - 4(k+3)$
　$k = 6$
のときである。このとき，2 次方程式 ① の解は 3（重根），接点の座標は $(3, 0)$ となる。いま，点 $(3, 0)$ は与えられた領域にあるので，k の最大値は 6 である。

例題 7　2 次関数

$$y = ax^2 + 4x + a + 3 \quad (a \neq 0)$$

のグラフ全体が，x 軸の上側にあるための a に関する条件を求めよ。

解説　題意を満たす 2 次関数のグラフが次の 2 つの条件を満たすことは，必要な条件である。
　① 下に凸であること
　② 与関数は x 軸と共有点をもたない

さらに，① と ② を満たす 2 次関数のグラフは x 軸の上側にあるので，十分な条件にもなる。
　① が意味することは，$a > 0$ である。
　また，② が意味することは，方程式 $ax^2 + 4x + a + 3 = 0$ が実根をもたないこと，すなわち
　判別式 $D = 4^2 - 4a(a+3) < 0$

$4 - a(a+3) < 0$

$(a+4)(a-1) > 0$

$a < -4,\quad a > 1$

が成り立つことである。

したがって，求める条件は $a > 1$ である。

例題 8 xy 座標平面上で，原点を通り直交する 2 つの直線 l_1 と l_2 の両方に放物線 $y = x^2 + x + a$ が接するとき，a と l_1 の傾きと l_2 の傾きを求めよ。ただし，

l_1 の傾き $< l_2$ の傾き　とする。

解説　この問題の視覚的なイメージとして，直交する l_1 と l_2 を原点に画鋲で刺して，直交した状況で回転できるようにする。そして，放物線 $y = x^2 + x + a$ を軸 $x = -\dfrac{1}{2}$ に沿って上から静かに降ろしていき，l_1 と l_2 にピタッと接したときの，a と l_1 の傾きと l_2 の傾きを求める問題である。

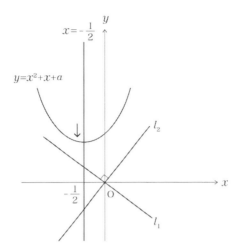

直線 l_1 の傾きを m とすれば，直線 l_2 の傾きは $-\dfrac{1}{m}$ である。なお，$m<0$ に注意する。どちらも放物線 $y=x^2+x+a$ と接するときは，2つの2次方程式

$$x^2+x+a=mx$$
$$x^2+x+a=-\dfrac{1}{m}x$$

がともに重根をもつ。したがって，それぞれの判別式から，

$$(1-m)^2-4a=0 \quad \cdots\cdots(*)$$
$$\left(1+\dfrac{1}{m}\right)^2-4a=0$$

がともに成り立つ。よって，

$$(1-m)^2=\left(1+\dfrac{1}{m}\right)^2$$

$$\left(1 - m - 1 - \frac{1}{m}\right)\left(1 - m + 1 + \frac{1}{m}\right) = 0$$

$$m + \frac{1}{m} = 0 \quad \text{または} \quad m - \frac{1}{m} = 2$$

が成り立つ。ここで,$m + \frac{1}{m} = 0$ は成り立たない。なぜならば,m と $\frac{1}{m}$ は負であるので,$m + \frac{1}{m} < 0$ となるからである。

$m - \frac{1}{m} = 2$ のときは,

$$m^2 - 2m - 1 = 0$$

$$m = 1 \pm \sqrt{2}$$

となる。ここで,$m < 0$ であるので,

$$m = 1 - \sqrt{2}$$

$$-\frac{1}{m} = \frac{1}{\sqrt{2} - 1} = \sqrt{2} + 1$$

を得る。以上から,

l_1 の傾き $= 1 - \sqrt{2}$, l_2 の傾き $= \sqrt{2} + 1$

が成り立つ。さらに,式 (*) の m に $1 - \sqrt{2}$ を代入すると,

$$2 - 4a = 0$$

$$a = \frac{1}{2}$$

も得る。

ところで,式 (*) とその次の式から,X の 2 次方程式

$$X^2 - 2X + 1 - 4a = 0$$

を考えると,2 次方程式の解と係数の関係より,

郵便はがき

112-8731

料金受取人払郵便

小石川局承認

1143

差出有効期間
2026年1月15
日まで

東京都文京区音羽二丁目
十二番二十一号

講談社
ブルーバックス 行

愛読者カード

あなたと出版部を結ぶ通信欄として活用していきたいと存じます。
ご記入のうえご投函くださいますようお願いいたします。

(フリガナ)
ご住所　　　　　　　　　　　　〒☐☐☐-☐☐☐☐

(フリガナ)
お名前　　　　　　　　　ご年齢　　歳

電話番号

★ブルーバックスの総合解説目録を用意しております。
　ご希望の方に進呈いたします（送料無料）。
　1 希望する　　2 希望しない

TY 000019-2312

この本の タイトル		（B番号　　　　）

①**本書をどのようにしてお知りになりましたか。**
　1　新聞・雑誌（朝・読・毎・日経・他：　　　　　　　　　）　2　書店で実物を見て
　3　インターネット（サイト名：　　　　　　　　　　　　　）　4　X（旧Twitter）
　5　Facebook　6　書評（媒体名：　　　　　　　　　　　　　　　　　　　　　）
　7　その他（　　　　　　　　　　　　　　　　　　　　　　　　　　　　　　　）

②**本書をどこで購入しましたか。**
　1　一般書店　2　ネット書店　3　大学生協　4　その他（　　　　　　　　　　）

③**ご職業**　1　大学生・院生（理系・文系）　2　中高生　3　各種学校生徒
　4　教職員（小・中・高・大・他）　5　研究職　6　会社員・公務員（技術系・事務系）
　7　自営　8　家事専業　9　リタイア　10　その他（　　　　　　　　　　　　　）

④**本書をお読みになって（複数回答可）**
　1　専門的すぎる　2　入門的すぎる　3　適度　4　おもしろい　5　つまらない

⑤**今までにブルーバックスを何冊くらいお読みになりましたか。**
　1　これが初めて　2　1～5冊　3　6～20冊　4　21冊以上

⑥**ブルーバックスの電子書籍を読んだことがありますか。**
　1　読んだことがある　2　読んだことがない　3　存在を知らなかった

⑦**本書についてのご意見・ご感想、および、ブルーバックスの内容や宣伝
　面についてのご意見・ご感想・ご希望をお聞かせください。**

⑧**ブルーバックスでお読みになりたいテーマを具体的に教えてください。
　今後の出版企画の参考にさせていただきます。**

★下記URLで、ブルーバックスの新刊情報、話題の本などがご覧いただけます。
　http://bluebacks.kodansha.co.jp/

第3章 平面図形と関数

$$m + \left(-\frac{1}{m}\right) = 2 \quad \cdots\cdots ①$$

$$m\left(-\frac{1}{m}\right) = 1 - 4a \quad \cdots\cdots ②$$

が成り立つ。

上と同様に計算すると，① から $m = 1 \pm \sqrt{2}$ が導かれ，そして ② から $a = \dfrac{1}{2}$ が導かれる。

いろいろな考え方で解く学びは，柔軟な発想を育むことになるので，余裕のあるときはいろいろ試すと面白いだろう。

3節　分数関数と無理関数

分数関数と無理関数のグラフを座標平面上で演習を通して学ぶ。分数関数を通して逆関数の概念理解を確かなものにしたい。また無理関数を通して，根号記号が付いた関数の注意点を学ぶ。

例題1　次の関数の逆関数を求めよ。
$$y = \frac{x+1}{x-2}$$

解説　逆関数という言葉の意味は忘れやすいので，上式を例にして基礎からあらためて復習しよう。

分数の分母は 0 でないので，$x \neq 2$ のときに与式は定義される。すなわち，与関数の定義域は「2 を除く実数全体からなる集合」である。そして，この集合を S とすると，S の任意の元（要素）x に対し，ただ 1 つの実数 $\dfrac{x+1}{x-2}$ が定まる。実数全体の集合を $\boldsymbol{R}$ とすると，x を $\dfrac{x+1}{x-2}$ に対応させる規則によって，集合 S から集合 $\boldsymbol{R}$ への関数が定まったのである。この関数は具体的に，

$x = 1$ のとき　$\dfrac{x+1}{x-2} = -2$

$x = 3$ のとき　$\dfrac{x+1}{x-2} = 4$

$\vdots$

となる。
$$\frac{x+1}{x-2} = 1 + \frac{3}{x-2}$$
であるので，この関数をグラフで表すと以下となる。

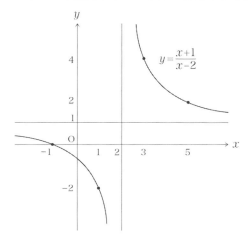

いま，1を除く実数全体からなる集合を T とすると，上のグラフを見ても次のことが分かる。T の任意の元 y に対し，$y = \dfrac{x+1}{x-2}$ となる S の元 x がただ1つ定まる。たとえば，

$y = -2$ のとき $x = 1$

$y = 4$ のとき $x = 3$

$$\vdots$$

となる。

そこで，この規則によって一つの関数が定まり，これを関

数 $y = \dfrac{x+1}{x-2}$ の逆関数というのである。$y = \dfrac{x+1}{x-2}$ を x について解いてみよう。

$$y(x-2) = x+1$$
$$yx - 2y = x+1$$
$$(y-1)x = 2y+1$$
$$x = \dfrac{2y+1}{y-1}$$

を得る。

以上から，

$$f(x) = \dfrac{x+1}{x-2}$$

とおくと，$f(x)$ は S から T への関数で，さらに

$$g(y) = \dfrac{2y+1}{y-1}$$

とおくと，$g(y)$ は T から S への関数で，これを関数 $f(x)$ の逆関数というのである。

実は，まだ大切なことが残されている。上式を答えとしてもよいのであるが，関数は

$$y = f(x), \quad y = \varphi(x), \quad y = G(x), \quad \cdots\cdots$$

のように，「y は x の関数」という形で書くことが普通である。そこで x と y を取り替えて，答えとして

$$y = \dfrac{2x+1}{x-1}$$

と書くのが適当である。

間違っても，「逆関数とは，元の関数の x と y を取り替え

て，y に関して解いたもの」とか「逆関数とは，x に関して解いてから，x と y を取り替えて書いたもの」というように，意味も分からず「やり方」だけ覚える解法だけを身につけてほしくはないのである。

なお，一般に関数 $f(x)$ に対して，逆関数が定まるものもあれば，定まらないものもある。$f(x)$ が集合 X から集合 Y への関数であるとき，X の相異なる任意の 2 元 x_1, x_2 について，$f(x_1) \neq f(x_2)$ が成り立つこと。さらに，集合 $\{f(x) \mid x$ は X の元 $\}$（$f(x)$ 全体からなる集合）が Y と一致すること。それら 2 つが成り立つとき，$f(x)$ は逆関数をもつのである。ちなみに，例題 1 の S がこの説明では X で，T がこの説明では Y である。

例題 2 xy 座標平面上で，関数
$$y = \sqrt{x-2}$$
のグラフと 1 点だけを共有する，原点を通る直線の方程式を求めよ。

解説 まず，関数 $y = \sqrt{x-2}$ のグラフを描くと以下になる。

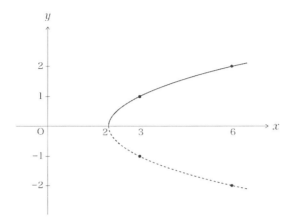

図を見てすぐに分かるように，x 軸すなわち直線 $y = 0$ は，その無理関数のグラフとの共有点が $(2, 0)$ の 1 つだけになる。

他にも，原点を通る直線 $y = mx\,(m \neq 0)$ がその無理関数のグラフの接線になるときが考えられる。ただし，グラフで点線で示した部分の接線となる場合は排除しなくてはならない。$x \geqq 2$ のとき，方程式
$$mx = \sqrt{x - 2}$$
の両辺を 2 乗すると，
$$m^2 x^2 = x - 2$$
$$m^2 x^2 - x + 2 = 0$$
を得る。上の 2 次方程式についての判別式 $= 0$，すなわち方程式が重解となる状況を調べると，
$$1 - 8m^2 = 0$$

$$m = \pm \frac{\sqrt{2}}{4}$$

となる。ここで,上で注意したことから,$m = -\frac{\sqrt{2}}{4}$ は排除して,$m = \frac{\sqrt{2}}{4}$ が残る。

以上から答えは,直線 $y = 0$ と直線 $y = \frac{\sqrt{2}}{4}x$ となる。

例題3 関数

$$y = \sqrt{(x-1)(2-x)}$$

のグラフを描け。

解説 まず,与式の形から

$$y \geqq 0, \quad 1 \leqq x \leqq 2 \quad \cdots\cdots(*)$$

でなくてはならない。

与式の両辺を 2 乗すると,

$$y^2 = (x-1)(2-x)$$

$$x^2 - 3x + y^2 + 2 = 0$$

$$\left(x - \frac{3}{2}\right)^2 - \frac{9}{4} + y^2 + 2 = 0$$

$$\left(x - \frac{3}{2}\right)^2 + y^2 = \left(\frac{1}{2}\right)^2$$

を得る。この式は,点 $\left(\frac{3}{2}, 0\right)$ が中心,半径 $\frac{1}{2}$ の円である。

そして,(*) を参考にすると,求めるグラフは次の半円と

なる。ただし，点 $(1, 0)$, $(2, 0)$ を含む。

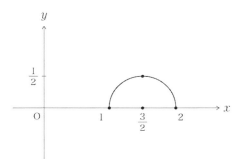

場合の数と確率

まとめと発見的問題解決法

第 **4** 章

● 順列と組合せ

場合の数を求めるうえで役立つ素朴な2つの考え方を「法則」として紹介しよう。

法則1（和の法則） 2つの事柄 P, Q があって，これらは同時には起こらないとする。P の起こり方が m 通り，Q の起こり方が n 通りとすると，P または Q のどちらかが起こる場合の数は $m + n$ である。

法則2（積の法則） 2つの事柄 P, Q があって，P の起こり方が m 通りあって，その各々について Q の起こり方が n 通りあるならば，P が起こって Q が起こる場合の数は mn である。

いくつかのものに関して，順序をつけて並べたものを**順列**という。自然数 n と n 以下の自然数 r に対し，相異なる n 個のものから r 個を取り出して並べた順列の総数を $_n\mathrm{P}_r$ で表す。

これを求めてみると，

$$_n\mathrm{P}_r = n(n-1)(n-2)\cdots(n-r+1)$$

を得る。

ここで，自然数 n に対し，その階乗 $n!$ を

$$n! = n \times (n-1) \times \cdots \times 2 \times 1$$

と定める。また便宜上

$$0! = 1$$

と定める。さらに，便宜上

$$_n\mathrm{P}_0 = 1$$

と定めることによって，$r = 0, 1, 2, \cdots, n$ に対し

$$_n\mathrm{P}_r = \frac{n!}{(n-r)!}$$

が成り立つ。

一方，相異なる n 個のものから重複を許して r 個を取り出して並べる順列を考えると，その総数は積の法則から n^r となる。重複を許す順列をとくに**重複順列**という。

何個かのものから，順序を無視していくつかを取り出したものを**組合せ**という。自然数 n と n 以下の自然数 r に対し，相異なる n 個のものから r 個を取り出した組合せの総数を $_n\mathrm{C}_r$ で表す。

さらに，便宜上

$$_n\mathrm{C}_0 = 1, \quad _0\mathrm{P}_0 = 1$$

と定めることによって，$r = 0, 1, 2, \cdots, n$ に対し

$$_n\mathrm{C}_r = \frac{_n\mathrm{P}_r}{_r\mathrm{P}_r} = \frac{n!}{(n-r)!r!}$$

が成り立つ。

[公式 1]

自然数 n と 0 以上 n 以下の整数 r に対し,以下が成り立つ。

(i) $\quad {}_n C_r = {}_n C_{n-r}$
(ii) $\quad {}_n C_r = {}_{n-1} C_r + {}_{n-1} C_{r-1}$

いくつかのものを円形に並べる順列を**円順列**という。

相異なる n 個のものの円順列の総数 $= (n-1)!$

[定理 1]

二項定理

$$(a+b)^n = {}_n C_0 a^n + {}_n C_1 a^{n-1} b + {}_n C_2 a^{n-2} b^2 + \\ {}_n C_3 a^{n-3} b^3 + \cdots + {}_n C_{n-1} ab^{n-1} + {}_n C_n b^n$$

二項定理において,右辺に現れる係数 ${}_n C_0, {}_n C_1, {}_n C_2, \ldots,$ ${}_n C_n$ を**二項係数**という。

● 確率と期待値

一般に,くり返すことが可能で,その結果が偶然によって決まる実験や観測などを**試行**といい,その結果として起こる事柄を**事象**という。そして,起こり得る事象全体の集合を**全事象**という。U を全事象とするとき,U の部分集合として見た空集合 $\emptyset$ をとくに**空事象**という。

全事象 U の部分集合としての事象 A, B に対し，それらの共通集合と和集合をそれぞれ A と B の**積事象**，**和事象**といい，集合と同じ記法，$\boldsymbol{A} \cap \boldsymbol{B}$，$\boldsymbol{A} \cup \boldsymbol{B}$ で表す。U の部分集合としての事象 E, F が

$$E \cap F = \varnothing$$

を満たすとき，E と F は互いに**排反**である，あるいは**排反事象**であるという。全事象 U における事象 E の補集合を E の**余事象**といい，補集合と同じ記法 $\overline{E}$ で表す。もちろん，E と $\overline{E}$ は排反事象である。とくに，全事象 U の 1 個の要素からなる部分集合を**根元事象**という。

一般に，ある試行に関する全事象 U の根元事象それぞれが，どれも同じ程度に起こることが期待されるとき，それらの根元事象は**同様に確からしい**という。そのとき，U の部分集合としての事象 A に対し，U と A の要素の個数をそれぞれ $n(U), n(A)$ で表すと，その試行に関する事象 A の起こる確率 $P(A)$ は，

$$P(A) = \frac{n(A)}{n(U)}$$

によって定められる。

明らかに

$$P(\varnothing) = 0, \quad P(U) = 1, \quad 0 \leqq P(A) \leqq 1$$

が成り立つ。

[公式2]

全事象 U の根元事象は同様に確からしいとするとき，U の部分集合としての事象 A, B, E に対し，

(i) 和事象の確率

$$P(A \cup B) = P(A) + P(B) - P(A \cap B)$$

(ii) 余事象の確率

$$P(\overline{E}) = 1 - P(E)$$

が成り立つ。

ある試行の全事象の部分集合として，$A_1, A_2, \cdots, A_n$ があり，それらは互いに排反であるとする。いま，それらが起こる確率をそれぞれ $P_1, P_2, \cdots, P_n$ とし，

$P_1 + P_2 + \cdots + P_n = 1$

が成り立つとする。そして，$A_1, A_2, \cdots, A_n$ が起これば，ある変量 x がそれぞれ $x_1, x_2, \cdots, x_n$ という値をとるとき，

$$\boldsymbol{x_1 P_1 + x_2 P_2 + \cdots + x_n P_n}$$

を変量 x の**期待値**という。

● 独立試行の確率

事象 E が起こったという前提のもとで，事象 F が起こる確率を $\boldsymbol{P_E(F)}$ で表し，E のもとでの F の**条件つき確率**と

いう。それは，
$$P_E(F) = \frac{P(E \cap F)}{P(E)}$$
であるので，
$$P(E \cap F) = P(E) \cdot P_E(F)$$
が成り立つが，これを（確率の）**乗法定理**という。

2つの事象 X, Y に対し，
$$P_X(Y) = P(Y), \quad P_Y(X) = P(X)$$
が成り立つとき，X と Y は**独立**であるという。また，X と Y が独立でないときは，それらは**従属**であるという。

[定理2]

独立事象の乗法定理

2つの事象 E, F が独立であるためには，
$$P(E \cap F) = P(E) \cdot P(F)$$
が成り立つことが必要十分条件である。

一般に，2つの試行 S と T に関して，それらの結果の起こり方が無関係であるとき，S と T は互いに独立であるという。

同一条件のもとで同一の試行を何回かくり返し行うとき，各回の試行は互いに独立である。そのような試行を，とくに**反復試行**という。

[定理3]

反復試行の確率

ある試行に関して,全事象を U とし,事象 A が起こる確率を p とする。この試行を同一条件のもとで n 回くり返して行うとき,事象 A がちょうど r 回起こる確率は

$$_n\mathrm{C}_r p^r (1-p)^{n-r}$$

である。

第4章 場合の数と確率

■■■ 1節　順列と組合せ ■■■

「なぜ順列記号 P や組合せ記号 C を学ぶのか」という疑問に対しては，「さまざまなものの個数を数えるときに便利な道具として学ぶ」と答えたい。それが，「ものの個数を数えるときは，P や C を用いないといけない」と行き過ぎた考えをもつ高校生が少なくないことは残念である。本節ではそのようなことを踏まえて，素朴に数える演習問題が多く用意されている。なお数えるときは，一つずつ漏れなく数えることを常に留意したい。

例題 1　ここに 6 人がいる。この 6 人を 3 つのグループに分ける場合の数は全部でいくつあるか。ただし，どのグループにも少なくとも 1 人は入るものとする。

解説　このような問題を見たとたんに，「これは順列記号 P や組合せ記号 C を用いて解く問題だ」と思ってしまう高校生が多いことは残念である。中には，「P や C を用いて答えを書かなくてはならない」という勘違いもあるようだ。単純に，素朴に考えればよいだけである。

　最初に，分け方の人数に注目すると次の 3 つの型が考えられる。

　　I … 1 人，2 人，3 人
　　II … 1 人，1 人，4 人
　　III… 2 人，2 人，2 人

　I の場合。1 人の選び方は 6 通りで，その各々に対して 2

人の選び方は，残りの 5 人から 2 人を選ぶ組合せの 10 通りで（${}_5C_2 = 10$），それを決めれば残りの 3 人は 1 通りである。したがって，I の場合の数は

$6 \times 10 = 60$（通り）

となる。

II の場合。先に 6 人から 4 人の選び方を定めると，ただ 1 つの II の型の分け方が決まる。その場合の総数は，6 人から 2 人の選び方の総数 15 と等しいので（${}_6C_4 = {}_6C_2 = 15$），II の場合の数は 15（通り）となる。

III の場合。特定の 1 人とペアを組む相手の選び方は 5 通りで，その各々のペアに対して，残りの 4 人を 2 人と 2 人に分ける場合は 3 通りある（${}_4C_2 = 6$ を 2 で割る）。よって，III の場合の数は

$5 \times 3 = 15$（通り）

となる。以上から，求める場合の数は全部で

$60 + 15 + 15 = 90$（通り）

となる。

例題2 ホテルの相異なる 4 つの部屋ア，イ，ウ，エを確保してある。6 人の客 A，B，C，D，E，F がその 4 つの部屋に分かれて泊まることになった。各部屋には 1 人か 2 人が泊まるとすると，全部で何通りの場合が考えられるか。

解説 本問は，受験生数が約 80 万人で合格者数が 1.6 万人という競争率 50 倍のインド工科大学（IIT）の入学試験で，日本の大学の 2 次試験のような JEE-Advanced の 2020 年に出題された問題の表現を若干修正したものである。ちなみ

にJEE-Advancedでは，微分方程式や3行3列の行列や逆三角関数などの難しい問題も出題されている。

以下の説明では，あえてPやCを用いないで素朴に数える"原点"に立ち返って述べよう。

まず，各部屋に1人か2人が泊まるので，結局，2つの部屋に1人ずつ泊まり，2つの部屋に2人ずつ泊まることになる。

1人が泊まる2つの部屋の選び方を考えると，それは，4つのア，イ，ウ，エから2つの選び方なので，以下の6通りある（これは，相異なる4個から2個を選ぶ組合せ）。

アとイ，アとウ，アとエ，イとウ，イとエ，ウとエ

ここで，上記の6通りの場合を（I）とする。

（I）で，アとイだけに注目して，アとイに1人が泊まる場合の決め方は，以下のようにして30通りであることが分かる（これは，相異なる6個から2個を選んで並べる順列）。

(アの客, イの客) = (A, B), (A, C), (A, D), (A, E),
(A, F), (B, A), (B, C), (B, D),
(B, E), (B, F), (C, A), (C, B),
(C, D), (C, E), (C, F), (D, A),
(D, B), (D, C), (D, E), (D, F),
(E, A), (E, B), (E, C), (E, D),
(E, F), (F, A), (F, B), (F, C),
(F, D), (F, E)

ここで，上記の30通りの場合を（II）とする。

さらに，(アの客, イの客) = (A, B) の場合，残りの4人C，D，E，Fが2人ずつウとエに泊まることになる。この場

合，次の 6 通りが考えられる（残り 4 人から 2 人を選んで，それがウに泊まり，残りの 2 人がエに泊まる。）

　　（ウの客，エの客）＝（C と D, E と F），
　　　　　　　　　　　（C と E, D と F），
　　　　　　　　　　　（C と F, D と E），
　　　　　　　　　　　（D と E, C と F），
　　　　　　　　　　　（D と F, C と E），
　　　　　　　　　　　（E と F, C と D）

　ここで，上記の 6 通りの場合を（III）とする。

（I）のそれぞれに対して，（II）の決め方は 30 通りなので，結局，

　　［X さんは 1 人部屋△に泊まり，
　　　Y さんは 1 人部屋○に泊まる］

という決め方は，全部で $6 \times 30 = 180$（通り）あることが分かる。ただし，X と Y は異なる。

　最後に，上記の 180 通りのそれぞれに対し，残った 2 人部屋に泊まる 4 人の決め方は，（III）より 6 通りである。

　以上から，この問題の解答は

　　$180 \times 6 = 1080$（通り）

であることが分かる。

例題3 凸多角形とは，その周囲および内部から任意の 2 点をとって結ぶ線分が，周囲および内部に含まれる図形である。いま凸 n 角形があって，どの対角線同士の交点も 2 本だけの対角線の交点になっていて，3 本以上の対角線が 1 点で交わる交点は存在しないとき，この凸 n 角形の内部にある対

角線の交点の個数を求めよ。

解説 整数の素因数分解は，積の順番を無視すると唯一通りである。また，x, y についての連立方程式（a, b, c, d, e, f は定数）

$$\begin{cases} ax + by = c \\ dx + ey = f \end{cases}$$

は，$ae - bd \neq 0$ のとき，ただ1つの解が存在する。等々のように，いわゆる「一意性」という用語は数学ではとくに大切である。しかしながら，高校数学辺りまでは一意性という用語を，それほど重視していない傾向があるように思われる。本問題は以下述べるように，その一意性という用語の意義をあらためて認識する問題であると言えよう。

本問題の仮定より，凸 n 角形の2本の対角線の交点となる点 P をとると，4つの頂点 A，B，C，D があって，P は対角線 AC と対角線 BD の交点であり，凸 n 角形の他の対角線は P を通らない。なお，それらの位置関係は次の図のようになっているとしてよい。

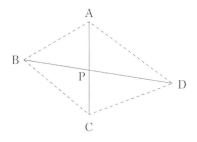

ここで注目すべきことは，P に対して図のような四角形

ABCD は一意的に定まることである。ただし，A, B, C, D は凸 n 角形の頂点。

逆に，凸 n 角形の任意の 4 つの頂点 A, B, C, D を，図のような位置関係でとると，四角形 ABCD の 2 本の対角線の交点 P が存在する。

上の 2 つのことから，凸 n 角形の内部にある対角線の交点の個数は，凸 n 角形の 4 つの頂点から構成される四角形の個数と一致するのである。したがって，

$$\text{求める交点の個数} = {}_n\mathrm{C}_4 = \frac{n(n-1)(n-2)(n-3)}{24}$$

を得る。

例題 4 n は奇数とする。$a_1, a_2, a_3, \cdots, a_n$ を 1, 2, 3, $\cdots$, n の任意の順列とすると，次式は必ず偶数であることを証明せよ。

$$(a_1 - 1)(a_2 - 2)(a_3 - 3) \cdots (a_n - n)$$

解説 とりあえず $n = 5$ として，背理法で考えてみる。すなわち，a_1, a_2, a_3, a_4, a_5 は 1, 2, 3, 4, 5 の順列で，

$$(a_1 - 1)(a_2 - 2)(a_3 - 3)(a_4 - 4)(a_5 - 5)$$

は奇数であるとして矛盾を導こう。

上式が奇数なので，$(a_1 - 1)$ も，$(a_2 - 2)$ も，$(a_3 - 3)$ も，$(a_4 - 4)$ も，$(a_5 - 5)$ も，すべて奇数でなくてはならない。そこで，a_1 は偶数，a_2 は奇数，a_3 は偶数，a_4 は奇数，a_5 は偶数ということになる。したがって，1, 2, 3, 4, 5 のうち，3 つは偶数，2 つは奇数となって，矛盾を得る。よって本問

題は，$n=5$ のときは成り立つ。あとは以下のように，5 を一般の n に置き換えて証明文を書けばよいのである。

その前に，「鳩の巣原理」について触れておこう。これは，「鳩は 4 羽，鳩の巣が 3 個あるとき，鳩が全部巣に帰ると，ある巣には少なくとも 2 羽の鳩が入る」という当たり前の性質を一般化させたものである。鳩の巣原理は応用が広く，重要な定理の証明にも用いられている。簡単な応用例を一つ挙げると，「ここに 9 人の生徒がいると，ある 2 人は性別と血液型は一致する」ことが示せる。なぜならば，性別と血液型に関するすべての場合は 2×4 で，8 通りだからである。以下の証明も，鳩の巣原理を用いているとも考えられる。

上記の $n=5$ の場合を，n が奇数の場合に一般化させて証明文を書こう。

$a_1, a_2, a_3, \cdots, a_n$ は $1, 2, 3, \cdots, n$ の順列で，
$$(a_1 - 1)(a_2 - 2)(a_3 - 3) \cdots (a_n - n)$$
は奇数であるとする。それゆえ，$(a_1 - 1)$ も，$(a_2 - 2)$ も，$(a_3 - 3)$ も，$\cdots$，$(a_n - n)$ も，すべて奇数でなくてはならない。したがって，a_1 は偶数，a_2 は奇数，a_3 は偶数，$\cdots$，a_n は偶数ということになる。よって $a_1, a_2, a_3, \cdots, a_n$ のうち，$\dfrac{n+1}{2}$ 個は偶数で，$\dfrac{n-1}{2}$ 個は奇数である。ところが n は奇数であるから，$a_1, a_2, a_3, \cdots, a_n$ は $1, 2, 3, \cdots, n$ のある順列なので，これは矛盾である。

例題 5 相異なる文字列 $a_1, a_2, a_3, \cdots, a_n$ を，順序を変えないでいくつかに分割する場合の数を求めよ。ただし，全く分割しない場合も 1 つとして数える。たとえば，

$$n = 3, \quad a_1 = a, \quad a_2 = b, \quad a_3 = c$$

の場合は，次の 4 つになる．

a と b と c の 3 つに分割，　a と bc の 2 つに分割，

ab と c の 2 つに分割，　abc の 1 つに分割

解説　問題文での例示を参考にすれば，$a_1, a_2, a_3, \cdots, a_n$ の間にある $n-1$ 個のカンマを，それぞれ分割を意味する記号と解釈することができる．その意味で上の例示を順に示すと，

　a, b, c　　　a, bc

　ab, c　　　abc

となる．したがって，求める場合の数は，$a_1, a_2, a_3, \cdots, a_n$ の間にある $n-1$ 個のカンマそれぞれを，「とる」か「とらない」かの総当たりの場合の数になるので，答えは 2^{n-1} となる．

ちなみに，

　カンマが 0 個の場合の分割の総数 $= {}_{n-1}C_0$

　カンマが 1 個の場合の分割の総数 $= {}_{n-1}C_1$

　カンマが 2 個の場合の分割の総数 $= {}_{n-1}C_2$

　　　　　　　　　$\vdots$

　カンマが $n-1$ 個の場合の分割の総数 $= {}_{n-1}C_{n-1}$

であり，二項定理を用いると，

$${}_{n-1}C_0 + {}_{n-1}C_1 + {}_{n-1}C_2 + \cdots + {}_{n-1}C_{n-1}$$
$$= (1+1)^{n-1} = 2^{n-1}$$

として確かめることもできる．

例題 6
次式を展開するとき，定数項（x を含まない項）を求めよ。

$$\left(2x^3 - \frac{1}{3x}\right)^8$$

解説 一般の二項定理を述べると，次式である。

$$(a+b)^n = {}_nC_0 a^n + {}_nC_1 a^{n-1}b + {}_nC_2 a^{n-2}b^2 + \cdots + {}_nC_{n-1}ab^{n-1} + {}_nC_n b^n$$

上式右辺の中で $r+1$ 番目の項は ${}_nC_r a^{n-r}b^r$ であるが，

$$n = 8, \quad a = 2x^3, \quad b = -\frac{1}{3x}$$

として本問題の場合に考えると，

$$\begin{aligned}
r+1 \text{ 番目の項} &= {}_8C_r (2x^3)^{8-r}\left(-\frac{1}{3x}\right)^r \\
&= {}_8C_r 2^{8-r}\left(-\frac{1}{3}\right)^r x^{3(8-r)}\left(\frac{1}{x}\right)^r \\
&= {}_8C_r 2^{8-r}\left(-\frac{1}{3}\right)^r x^{3(8-r)-r}
\end{aligned}$$

を得る。

問題では定数項（x を含まない項）を考えるのであるから，

$$3(8-r) - r = 0$$

$$24 - 4r = 0$$

の場合，すなわち $r = 6$ の場合を考えればよいことになる。よって，

$$\text{求める解} = {}_8C_6 \, 2^{8-6}\left(-\frac{1}{3}\right)^6 = \frac{28 \times 4}{3^6} = \frac{112}{729}$$

となる。

例題7 次の命題が一般に成り立つ。

自然数 n と n 以下の自然数 r に対し，

$$x_1 + x_2 + \cdots + x_r = n$$

となる自然数 $x_i\,(i=1,2,\cdots,r)$ の組 $(x_1,x_2,\cdots,x_r)$ の個数は $_{n-1}\mathrm{C}_{r-1}$ である。

この命題を，$n=7$，$r=3$ の場合に証明すると以下のようになる。それを参考にして，一般の n，r についての証明文を述べよ。

(x_1,x_2,x_3) の組の数は，次のように並んだ7個の玉を左から x_1 個，x_2 個，x_3 個に区切る場合の数と等しいのである（図は $x_1=2, x_2=2, x_3=3$ の場合である）。

これは，いわゆる植木算の間の個数である6のうち，異なる2箇所に縦の点線を書き込む場合の数と等しいので，$_6\mathrm{C}_2$ となる。

解説 一般の n，r については，$(x_1,x_2,\cdots,x_r)$ の組の数は，次の図のように並んだ n 個の玉を左から x_1 個，$\cdots$，x_r 個に区切る場合の数と等しいのである。

図で，玉と玉の間の総個数は $n-1$ で，また点線を入れて区切る箇所の数は $r-1$ である．よって，点線を入れて区切る場合の総数は ${}_{n-1}\mathrm{C}_{r-1}$ となって，一般的な証明は終わる．

なお，$n=7$，$r=3$ の場合と一般の場合の証明を比べてみると，本質的には同じである．実はそのような場合，すなわち，具体的な場合の証明で一般的な場合の証明が簡単に想像できるときは，具体的な場合を証明して，あとは「一般的な場合も同様にして証明できる」と述べて，終わらせてもよいと考える．二項定理の証明もそのような例であろう．

例題 8 例題 7 を参考にして，以下を証明せよ．

自然数 n と自然数 r に対し，

$$x_1 + x_2 + \cdots + x_r = n$$

となる 0 以上の整数 x_i ($i=1, 2, \cdots, r$) の組 $(x_1, x_2, \cdots, x_r)$ の個数は ${}_{n+r-1}\mathrm{C}_{r-1}$ である．

なお，ヒントとして，$y_i = x_i + 1$ ($i = 1, 2, \cdots, r$) とおいて考えてみよ．

解説 $y_i = x_i + 1$ ($i = 1, 2, \cdots, r$) とおくと，

$x_1 + x_2 + \cdots + x_r = n$

となる 0 以上の整数 x_i ($i = 1, 2, \cdots, r$) の組 $(x_1, x_2, \cdots, x_r)$ の個数は，

$y_1 + y_2 + \cdots + y_r = n + r$

となる自然数 y_i ($i = 1, 2, \cdots, r$) の組 $(y_1, y_2, \cdots, y_r)$ の個数と等しいことになる．よって例題 7 より，その個数は ${}_{n+r-1}\mathrm{C}_{r-1}$ となる．

ここで積分の話題を持ち出すことには躊躇するが，あえて述べさせていただきたいことがある。それは面積の導入に関することで，a 以上 b 以下の区間 $[a, b]$ $(a < b)$ で常に 0 以上の値をとる連続関数 $y = f(x)$ と，$x = a$，$x = b$，および x 軸とで囲まれた部分の面積が $\int_a^b f(x)dx$ であることを，先に証明するのが普通である。

その後に，区間 $[a, b]$ $(a < b)$ で常に $f(x) \geqq g(x)$ となる連続関数 $y = f(x)$ と $y = g(x)$，および $x = a$，$x = b$ とで囲まれた部分の面積が $\int_a^b \{f(x) - g(x)\}dx$ であることを証明する。そこでの証明の鍵は，十分大きな数 M に対し，関数 $y = f(x) + M$ と関数 $y = g(x) + M$ それぞれと，$x = a$，$x = b$，および x 軸とで囲まれた部分の面積を求め，そして

$$\int_a^b \{f(x) + M\}dx - \int_a^b \{g(x) + M\}dx$$

を求ればよいことを用いている。

例題 7 を用いて例題 8 を証明する部分では，$y_i = x_i + 1$ $(i = 1, 2, \cdots, r)$ とおいた点が鍵となり，上の積分に関する証明の部分では，$y = f(x) + M, y = g(x) + M$ とおいた点が鍵となっている。それらは，互いに類推可能な関係であろう。

第 4 章　場合の数と確率

例題 9

(1)　相異なる n 個のものから，重複を許して r 個とる組合せを「重複組合せ」といい，${}_n\mathrm{H}_r$ で表すのが一般的である。例題 8 を用いて，次式が成り立つことを証明せよ。

$$_n\mathrm{H}_r = {}_{n+r-1}\mathrm{C}_r$$

(2)　赤玉 10 個と白玉 6 個がある。白玉同士が隣り合わないように，先頭から 16 番目まで一列に並べる場合の数を求めよ。

解説

(1)　例題 8 の n と r の立場を逆にして，例題 8 を適用すれば，本問題の結論

$$_n\mathrm{H}_r = {}_{n+r-1}\mathrm{C}_{n-1} = {}_{n+r-1}\mathrm{C}_r$$

を得る。

(2)　白玉を○，赤玉を●で表すと，

$$\underbrace{\cdot\cdot○\cdot}_{x_1}\underbrace{●\cdot○\cdot}_{x_2}\underbrace{●\cdot○\cdot}_{x_3}\underbrace{●\cdot○\cdot}_{x_4}\underbrace{●\cdot○\cdot}_{x_5}\underbrace{●\cdot○\cdot}_{x_6}\underbrace{\cdot\cdot}_{x_7}$$

と表せる。ただし，各 $x_i\ (i=1,2,\cdots,7)$ は赤玉の個数を表している。ここでは，

$$x_1 \geqq 0, \quad x_i \geqq 1\ (i=2,\cdots,6), \quad x_7 \geqq 0$$

である。いま，

$$y_1 = x_1, \quad y_i = x_i - 1\ (i=2,\cdots,6), \quad y_7 = x_7$$

とおくと，本問題は

$$y_1 + y_2 + \cdots + y_7 = 5$$

となる 0 以上の整数 y_i ($i = 1, 2, \cdots, 7$) の組 $(y_1, y_2, \cdots, y_7)$ の個数を求めることになる。それゆえ例題 8 より，答えは

$$_{5+7-1}\mathrm{C}_{7-1} = {}_{11}\mathrm{C}_6 = \frac{11 \cdot 10 \cdot 9 \cdot 8 \cdot 7}{5 \cdot 4 \cdot 3 \cdot 2 \cdot 1} = 462$$

となる。

例題 10 23 人で構成する会社があり，その会社に関する仕事は，どれも 7 人のグループから成り立っている。そして，23 人のうちからどの 4 人を選んでも，その 4 人が一緒に入るグループはちょうど 1 つだけある。相異なるグループは，全部でいくつあるか。

解説 全社員 23 人の集合のうち 4 人で構成する部分集合は，全部で

$$_{23}\mathrm{C}_4 = \frac{23 \cdot 22 \cdot 21 \cdot 20}{4 \cdot 3 \cdot 2 \cdot 1}$$

個ある。いま，a, b, c, d, e, f, g の 7 人が一緒に入るグループがあるとすると，そのグループを決定する 4 人の選び方の総数は a, b, c, d, e, f, g から 4 人を選ぶ組合せの数

$$_7\mathrm{C}_4 = \frac{7 \cdot 6 \cdot 5 \cdot 4}{4 \cdot 3 \cdot 2 \cdot 1}$$

である。したがって，相異なるグループは全部で

$$_{23}\mathrm{C}_4 \div {}_7\mathrm{C}_4 = \frac{23 \cdot 22 \cdot 21 \cdot 20}{7 \cdot 6 \cdot 5 \cdot 4} = 23 \times 11 = 253$$

個ある。

第 4 章 場合の数と確率

　上の説明が若干難しく感じる場合は，以下のように，相異なる 7 個のものから 3 個を選んで並べる場合の総数 $_7\mathrm{P}_3$（順列）から，相異なる 7 個のものから 3 個を順番を考慮せずに取り出す場合の総数 $_7\mathrm{C}_3$（組合せ）の導き方を復習するとよいだろう。

　いま，相異なる 7 個を a, b, c, d, e, f, g として考えてみる。たとえば，3 文字 a, b, c に順番を付けて並べる全部の 6 通り（$6 = {_3\mathrm{P}_3}$）は以下であり，順序を考慮せずに 3 個を取り出す場合は 1 つとしてカウントされる。

$$abc, acb, bac, bca, cab, cba$$

それと同じことが，a, b, c, d, e, f, g のどの 3 個についてもいえる。したがって，それら 7 個から順番を考慮せずに 3 個を取り出す場合の総数は

$$\frac{_7\mathrm{P}_3}{_3\mathrm{P}_3}$$

となる。

　ちなみに例題 10 で紹介した組合せ構造は，シュタイナーシステム $S(4, 7, 23)$ というもので，離散数学では重要な例である（拙著『離散数学入門』（講談社ブルーバックス）を参照）。

■■■ 2節　確率と期待値 ■■■

　確率や期待値に関しては，いわゆる「ゲーム理論」も含めると，実際の応用例は話題が豊富である。それらに関する演習問題は平易ではない面もあるが，なるべく興味・関心が高まるような問題を用意している。

例題 1　4桁の暗証番号はいろいろなところで設けられている。ある場所で設けられている4桁の暗証番号は，3回間違った番号を入力するとロックが掛かるように設定されている。暗証番号を全く知らない人がデタラメに4ケタの番号を入力するとき，ロックが掛からないうちに偶然に暗証番号が当たる確率を求めよ。

解説　現実問題としては，盗難に遭った金融機関のキャッシュカードで預金を引き出せるか，というようなことを考える場合がある。また，数学として関連する話題は，1等が1本の商店街の年末宝くじ大会などでは，くじを引くために列に並ぶときは前のほうが有利なのか，という問題がある。

　本問題に話を戻すと，4桁の番号は全部で

　$10 \times 10 \times 10 \times 10 = 10000$（個）

ある。したがって，1回目の入力で当たる確率は $\dfrac{1}{10000}$ である。

　次に，1回目は外れて2回目に当たる確率は

　$\dfrac{9999}{10000} \times \dfrac{1}{9999} = \dfrac{1}{10000}$

である。

同様にして，1回目と2回目は外れて3回目に当たる確率は

$$\frac{9999}{10000} \times \frac{9998}{9999} \times \frac{1}{9998} = \frac{1}{10000}$$

である。以上から，ロックが掛からないうちに偶然に暗証番号が当たる確率は $\frac{3}{10000}$ であることが分かる。

話を年末宝くじ大会に置き換えると，1等を当てるためには列のどこに並んでも，当たる確率は同じである。もっとも自分の番になって，すでに1等が出ていると，「あーあ，すでに1等は出ているか。それでは，まだ出ていない2等を当てるかな」と呟(つぶや)くことになるだろう。

例題2 袋の中に白玉が10個，赤玉が n 個入っている。ただし，$n \geqq 2$ とする。無作為に2個の玉を取り出すとき，白玉が1個，赤玉が1個である確率を P_n とすると，P_n が最大となる n を求めよ。

解説 このような問題では，「白玉が1個，赤玉が1個（白玉と赤玉の個数は同じ）である確率の最大値」ということから，答えは予測しやすいだろう。記述式の入学試験の答案には，たとえば本問題では「A. $n = 10$」とだけ書いてあるようなものを何回も見た思い出がある。もちろん，途中のプロセスがない答案は，答えが合っていても大幅減点になるだろう。なお本問題に限っては，「A. $n = 10$」とだけ書いてある答案は0点になる。その訳を以下説明しよう。山勘だけに

頼る態度はよくないことを悟っていただきたい。

まず，袋の中から 2 個の玉を取り出す場合の数は
$$_{10+n}C_2 = \frac{(10+n)(9+n)}{2}$$
である。そのうち，1 個が白で 1 個が赤となる場合の数は $10 \times n$ である。したがって，
$$P_n = \frac{20n}{(10+n)(9+n)}$$
が成り立つ。$n = 2, 3, 4, \cdots$ と動かすときの，P_n が最大となる n を求めればよい。

まず，直観的に次のことが予想できる。n が 2 とか 3 のような小さい値のとき P_n は小さく，n が 10 ぐらいのとき P_n は大きくなって，n が相当大きくなると P_n は小さくなる。そこで，P_n と P_{n+1} の大小関係を比較してみる。

$$P_{n+1} - P_n = \frac{20(n+1)}{(11+n)(10+n)} - \frac{20n}{(10+n)(9+n)}$$
$$= \frac{20(n+1)(9+n) - 20n(11+n)}{(11+n)(10+n)(9+n)}$$

である。上式の分子に注目すると，
$$20(n+1)(9+n) - 20n(11+n)$$
$$= 20(n^2 + 10n + 9) - 20(n^2 + 11n)$$
$$= -20n + 180$$
となるので，以下のことが分かる。

$n = 9$ のとき　$P_{n+1} = P_n$

$n \geqq 10$ のとき　$P_{n+1} < P_n$

$n \leqq 8$ のとき　$P_{n+1} > P_n$
したがって，求める n は 9, 10 である。

次に，微分を知っていると，
$$f(n) = \frac{20n}{(10+n)(9+n)}$$
というように，0 以上の実数の範囲を動く n の関数 $f(n)$ を考える。そして，
$$\begin{aligned} f'(n) &= \frac{20(10+n)(9+n) - 20n(2n+19)}{(10+n)^2(9+n)^2} \\ &= \frac{-20n^2 + 1800}{(10+n)^2(9+n)^2} \\ &= \frac{-20(n+3\sqrt{10})(n-3\sqrt{10})}{(10+n)^2(9+n)^2} \end{aligned}$$
となるので，関数 $f(n)$ の概略図を描くと次のようになる（目盛りは不正確）。

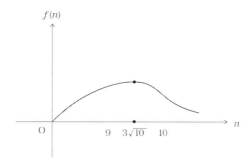

そこで，$f(9)$ と $f(10)$ の値を調べればよいことになる。

$$f(9) = f(10) = \frac{10}{19}$$

となるので,求める n は 9, 10 である。

例題 3 n 個のサイコロそれぞれを m 回続けて投げる。このとき,次の確率を求めよ。

(1) どのサイコロも少なくても 1 回は 1 の目が出る。
(2) 少なくても 1 個は m 回続けて 1 の目が出る。

解説 最初に,「少なくても」という言葉が確率の問題にあるときの,よく用いられる方法を具体的に復習しよう。

いま,サイコロを 4 回投げるとき,少なくとも 1 回は 1 の目が出る確率は

$$1 - \left(\frac{5}{6}\right)^4$$

である。これは,4 回とも 1 以外の目が出る事象の余事象の確率を考えている。例題 3 の問題は,上で述べたことを参考にして考えればよいのである。しかし,注意すべきことがある。それは余事象の扱いで間違わないことであり,根本には否定文の扱いがある。その点に留意して,それぞれの解を考えてみよう。

(1) まず,1 つのサイコロを m 回投げて 1 回も 1 の目が出ない確率 P は

$$P = \left(\frac{5}{6}\right)^m$$

である。そこで，1つのサイコロを m 回投げて少なくても 1 回は 1 の目が出る確率 Q は

$$Q = 1 - P = 1 - \left(\frac{5}{6}\right)^m$$

である。それゆえ，n 個のサイコロすべてが，m 回投げて少なくても 1 回は 1 の目が出る確率は

$$\left\{1 - \left(\frac{5}{6}\right)^m\right\}^n$$

となる。

(2)　まず，1つのサイコロが m 回続けて 1 の目が出る確率 P は

$$P = \left(\frac{1}{6}\right)^m$$

である。そこで，1つのサイコロが m 回続けて 1 の目が出ること以外の確率 Q は

$$Q = 1 - P = 1 - \left(\frac{1}{6}\right)^m$$

である。それゆえ，n 個のサイコロすべてが，m 回続けて 1 の目が出ること以外の確率 R は

$$R = Q^n = \left\{1 - \left(\frac{1}{6}\right)^m\right\}^n$$

となる。したがって，少なくても 1 個は m 回続けて 1 の目が出る確率は

$$1 - \left\{ 1 - \left(\frac{1}{6} \right)^m \right\}^n$$

となる。

例題 4 大リーグ（MLB）のポストシーズン最後のイベントは，地区シリーズ，リーグ優勝決定シリーズ，そしてフィナーレとなるワールドシリーズである。この中で地区シリーズだけが先に 3 勝制で，あとは先に 4 勝制である。A と B の 2 チームで対戦する各試合において，A が B に勝つ確率は p，B が A に勝つ確率は $1-p$ とする。$Q(p)$ を A が先に 3 勝する確率，$R(p)$ を A が先に 4 勝する確率とおくとき，$R(p) - Q(p)$ を求めよ。

解説 まず，「反復試行の確率」に関する公式などによって，以下の等式を得る。なお，各式の最後に「$\times p$」がつくことに注意していただきたい。

（A が 3 連勝する確率）$= p^3$
（A が 4 試合目に勝って 3 勝 1 敗になる確率）
$= {}_3C_2 p^2 (1-p) \times p$
（A が 5 試合目に勝って 3 勝 2 敗になる確率）
$= {}_4C_2 p^2 (1-p)^2 \times p$
（A が 4 連勝する確率）$= p^4$
（A が 5 試合目に勝って 4 勝 1 敗になる確率）
$= {}_4C_3 p^3 (1-p) \times p$
（A が 6 試合目に勝って 4 勝 2 敗になる確率）
$= {}_5C_3 p^3 (1-p)^2 \times p$

（A が 7 試合目に勝って 4 勝 3 敗になる確率）
$$= {}_6C_3 p^3 (1-p)^3 \times p$$
よって，$Q(p)$，$R(p)$ は次の式になる。
$$\begin{aligned}Q(p) &= p^3 + {}_3C_2 p^3(1-p) + {}_4C_2 p^3(1-p)^2 \\ &= p^3 + 3p^3(1-p) + 6p^3(1-2p+p^2) \\ &= 6p^5 - 15p^4 + 10p^3\end{aligned}$$
$$\begin{aligned}R(p) &= p^4 + {}_4C_3 p^4(1-p) + {}_5C_3 p^4(1-p)^2 \\ &\quad + {}_6C_3 p^4(1-p)^3 \\ &= p^4 + 4p^4(1-p) + 10p^4(1-2p+p^2) \\ &\quad + 20p^4(1-3p+3p^2-p^3) \\ &= p^4(-20p^3 + 70p^2 - 84p + 35)\end{aligned}$$
したがって，
$$R(p) - Q(p) = -20p^7 + 70p^6 - 90p^5 + 50p^4 - 10p^3$$
を得る。この段階で，p に具体的な値を代入すれば，$R(p)$ と $Q(p)$ の差が分かることになる。

参考までに微分の知識を仮定すると，$R(p)$ と $Q(p)$ の大小関係が詳しく分かる。
$$f(x) = -20x^7 + 70x^6 - 90x^5 + 50x^4 - 10x^3$$
とおいて，$f(x)$ を微分すると以下を得る。
$$\begin{aligned}f'(x) &= -140x^6 + 420x^5 - 450x^4 + 200x^3 - 30x^2 \\ &= x^2(x-1)(-140x^3 + 280x^2 - 170x + 30) \\ &= x^2(x-1)^2(-140x^2 + 140x - 30) \\ &= -140x^2(x-1)^2\left(x^2 - x + \frac{3}{14}\right)\end{aligned}$$

$$= -140x^2(x-1)^2\left(x - \frac{7+\sqrt{7}}{14}\right)\left(x - \frac{7-\sqrt{7}}{14}\right)$$

$$\begin{aligned}
f''(x) &= \{x^2(x-1)^2\}\{-140x^2 + 140x - 30\}' \\
&\quad + \{x^2(x-1)^2\}'\{-140x^2 + 140x - 30\} \\
&= \{x^2(x-1)^2\}\{-280x + 140\} \\
&\quad + \{2x^2(x-1) + 2x(x-1)^2\} \\
&\quad \times \{-140x^2 + 140x - 30\} \\
&= -140x^2(x-1)^2(2x-1) \\
&\quad + 2x(x-1)(2x-1)(-140x^2 + 140x - 30) \\
&= x(x-1)(2x-1) \\
&\quad \times \{-140x(x-1) - 280x^2 + 280x - 60\} \\
&= -420x(x-1)(2x-1)\left(x^2 - x + \frac{1}{7}\right) \\
&= -420x(x-1)(2x-1) \\
&\quad \times \left(x - \frac{7+\sqrt{21}}{14}\right)\left(x - \frac{7-\sqrt{21}}{14}\right)
\end{aligned}$$

この結果，$y = f(x)$ のグラフは次の図のようになる。

グラフより，$\dfrac{1}{2} < x < 1$ において，$f(x) > 0$ であるから，$R(x) - Q(x) > 0$

したがって，$\dfrac{1}{2} < p < 1$ においては常に $Q(p) < R(p)$ となる。つまり，$\dfrac{1}{2} < p < 1$ においては，先に 4 勝する確率のほうが，先に 3 勝する確率より高いことを示している。強いチームにとっては，4 勝制より 3 勝制のほうが苦手なの

である。なお，p は確率なので，$0 \leq p \leq 1$ の範囲が対象となる。

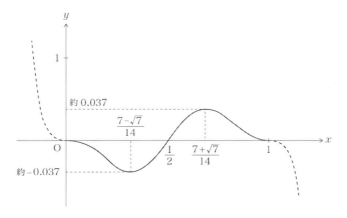

例題5 サイコロを 10 回投げるとき，1 の目がちょうど 5 回出て，残り 5 回はすべて相異なる目が出る確率を求めよ。

解説 サイコロを 10 回投げるとき，1 の目がちょうど 5 回出る確率は，「反復試行の確率」に関する公式によって，

$$_{10}\mathrm{C}_5 \left(\frac{1}{6}\right)^5 \left(\frac{5}{6}\right)^5$$

である。

この問題を予備問題ということにしよう。予備問題が本問題ならば，公式を使って「ハイ，終わり」となる。この答えを導くことにおいては，公式を導くプロセスを理解しておく

必要はない。しかし，例題5に対応する公式は見かけないだろう。このような場合，結局，公式を導く過程を理解しておくことが大切になるのである。以下，その辺りが分かるように説明しよう。

公式を導く過程を理解するように，予備問題を説明すると，①，②，③，$\cdots$ で，1回目の目，2回目の目，3回目の目，$\cdots$ を表すとすると，

① $= 1$, ④ $= 1$, ⑤ $= 1$, ⑦ $= 1$, ⑨ $= 1$,

② $= 1$ 以外, ③ $= 1$ 以外, ⑥ $= 1$ 以外, ⑧ $= 1$ 以外,

⑩ $= 1$ 以外

となるのは，予備問題の題意を満たす1つの事象である。そして，このような事象はいくつあるかを考えると，①，②，③，$\cdots$，⑩ のうちで，1の目が出る5個をとる組合せの総数 $_{10}C_5$ となる。その5個を決定すれば，その5個以外は1以外の目であればよい。

ここで，①，④，⑤，⑦，⑨ だけが1で，それ以外は1以外の目となる確率は

$$\left(\frac{1}{6}\right)^5 \left(\frac{5}{6}\right)^5$$

である。これは，1の目が出る「〜回目」という5個を決定した場合の確率である。予備問題に関しては，その5個を決定する場合の数は $_{10}C_5$ である。したがって，予備問題の解は

$$_{10}C_5 \left(\frac{1}{6}\right)^5 \left(\frac{5}{6}\right)^5$$

となる。

さて，本問題の解を考えると，①，②，③，…，⑩のうちで，1の目が出る5個をとる組合せの総数が $_{10}C_5$ であることは，予備問題と同じである。本問題が予備問題と異なる点は，1の目の5個以外の目は，すべて異なることである。そこで，予備問題の例のように，

　　① $= 1$，④ $= 1$，⑤ $= 1$，⑦ $= 1$，⑨ $= 1$

の場合を考えよう。予備問題の説明では，

　　② $= 1$ 以外，③ $= 1$ 以外，⑥ $= 1$ 以外，
　　⑧ $= 1$ 以外，⑩ $= 1$ 以外

であった。本問題では，この部分が次のように変わる。

　②，③，⑥，⑧，⑩には1以外の相異なる2の目，3の目，4の目，5の目，6の目が1つずつ入る。この場合の個数は明らかに5!である。また，たとえば，具体的に

　　① $= 1$，④ $= 1$，⑤ $= 1$，⑦ $= 1$，⑨ $= 1$，
　　② $= 2$，③ $= 3$，⑥ $= 4$，⑧ $= 5$，⑩ $= 6$

となる確率は

$$\left(\frac{1}{6}\right)^{10}$$

である。したがって本問題では，1の目が出る5個をとる組合せの総数は $_{10}C_5$ で，その1つの組に対して2, 3, 4, 5, 6が入る組の総数が5!個あるから，求める答えは

$$_{10}C_5 \, 5! \left(\frac{1}{6}\right)^{10} = \frac{10!}{5!}\left(\frac{1}{6}\right)^{10}$$

となる。

例題 6 2つのサイコロ A, B を同時に投げて, 出た目の最小値を X とするとき, X の期待値を求めよ。

解説 本問題は, 期待値の定義にしたがって素朴に計算すればよいのである。

A の出た目を a, B の出た目を b とする。このとき, 以下のことが分かる。

$X = 1$ となる場合は, (a, b) が $(1, 1)$, $(1, 2)$, $(1, 3)$, $(1, 4)$, $(1, 5)$, $(1, 6)$, $(2, 1)$, $(3, 1)$, $(4, 1)$, $(5, 1)$, $(6, 1)$ のどれか (11 個)。

$X = 2$ となる場合は, (a, b) が $(2, 2)$, $(2, 3)$, $(2, 4)$, $(2, 5)$, $(2, 6)$, $(3, 2)$, $(4, 2)$, $(5, 2)$, $(6, 2)$ のどれか (9 個)。

$X = 3$ となる場合は, (a, b) が $(3, 3)$, $(3, 4)$, $(3, 5)$, $(3, 6)$, $(4, 3)$, $(5, 3)$, $(6, 3)$ のどれか (7 個)。

$X = 4$ となる場合は, (a, b) が $(4, 4)$, $(4, 5)$, $(4, 6)$, $(5, 4)$, $(6, 4)$ のどれか (5 個)。

$X = 5$ となる場合は, (a, b) が $(5, 5)$, $(5, 6)$, $(6, 5)$ のどれか (3 個)。

$X = 6$ となる場合は, (a, b) が $(6, 6)$ の場合のみ (1 個)。

また, 各 (a, b) について $(1 \leqq a \leqq 6, 1 \leqq b \leqq 6)$, (a, b) が起こる確率はどれも $\dfrac{1}{36}$ である。以上から,

$$X \text{ の期待値} = 1 \times \frac{11}{36} + 2 \times \frac{9}{36} + 3 \times \frac{7}{36} + 4 \times \frac{5}{36}$$
$$\qquad\qquad\quad + 5 \times \frac{3}{36} + 6 \times \frac{1}{36}$$
$$\qquad\quad = \frac{11 + 18 + 21 + 20 + 15 + 6}{36} = \frac{91}{36}$$

となる。

例題7 1から12までの12個の数字が各面に書いてある正12面体がある。これを使った以下に述べる規則のゲームを考える。

3回以下投げることにして、最後に出た目の数を得点とする。したがって、1回だけ投げた段階で終了するのも、2回だけ投げた段階で終了するのも、3回まで投げて終了するのも自分の意思で決められる。そして、なるべく高い得点を目指すゲームである。1回目の目が出た段階では以後、どのような作戦で臨むとよいだろうか、期待値を用いて分析せよ。

解説 ちなみに、1回目に1が出て、2回目にも1が出れば、3回目にチャレンジすることは当然である。また、1回目に12が出れば、そこで止めることも当然である。しかし、その他の場合は迷うこともあるだろう。期待値を用いて、以下のように考えてみる。

まず、2回目の試行が終わった段階で、3回目を行うときの得点期待値は、

$$1 \times \frac{1}{12} + 2 \times \frac{1}{12} + 3 \times \frac{1}{12} + \cdots$$
$$+ 11 \times \frac{1}{12} + 12 \times \frac{1}{12}$$
$$= (1 + 2 + 3 + 4 + 5 + 6 + 7 + 8 + 9$$
$$+ 10 + 11 + 12) \div 12 = 6.5$$

となる。したがって、2回目の試行を行った段階では、その目が6以下ならば3回目にチャレンジし、7以上ならば3回目にはチャレンジしないと決めるのがよい。

それでは、1回目の試行が終わった段階ではどうだろう。上で決めたことから、2回目にチャレンジする場合の得点期待値は、

$$7 \times \frac{1}{12} + 8 \times \frac{1}{12} + 9 \times \frac{1}{12} + 10 \times \frac{1}{12} + 11 \times \frac{1}{12}$$
$$+ 12 \times \frac{1}{12} + 6.5 \times \frac{1}{2} = 8$$

となる。これは、2回目に7から12までの目が出たらそこでストップし、2回目に1から6までの目が出たら3回目にチャレンジする場合の得点期待値を計算している。なお、2回目に7, 8, 9, 10, 11, 12が出る確率はどれも $\frac{1}{12}$ で、2回目に1から6までの目が出る確率は $\frac{1}{2}$ である。

したがって、1回目に9以上の目が出たらそこでストップして、1回目に7以下の目が出たら2回目にチャレンジして、1回目に8の目が出たら2回目にチャレンジするか否かは自分の気持ちで判断すればよいことになる。

例題 8

AとBの二人は，グーまたはパーしか出さないじゃんけんを繰り返す。もちろん，グーとパーは各自の意思で決められるものとする。そして毎回，次のような得点を与える。このゲームの有利・不利を，以下のように期待値を用いて考えよ。

A	B	Aの得点	Bの得点
グー	グー	0	6
グー	パー	3	0
パー	グー	3	0
パー	パー	0	1

Aがグーを出す確率を x $(0 \leq x \leq 1)$，Bがグーを出す確率を y $(0 \leq y \leq 1)$，1回のじゃんけんにおけるAの得点期待値を α，Bの得点期待値を β として，xy 座標平面上でAとBが互角となる $\alpha = \beta$ となる図形を描くこと。その図形を用いて，AとBの有利・不利を考える。

解説 この問題は，いわゆる「ゲーム理論」の一例となるものである。確率論が組織的に研究され始めたのは 17 世紀である。それに対して，「ゲーム理論」が組織的に研究され始めたのは 20 世紀のことである。前者は人の意思とは無関係な「偶然性」が本質であるが，後者は人の意思によって選択できる「策略」が本質である。両者の間にある 3 世紀という年月が，長いと思うか短いと思うかは人それぞれであろう。

本問題は，実際に遊んでみると面白いものであり，大学の講義でも学生諸君に遊んでもらったことを思い出す。

まず，
$$\alpha = 3 \times x \times (1-y) + 3 \times (1-x) \times y$$
$$\beta = 6 \times x \times y + 1 \times (1-x)(1-y)$$
が成り立つ。そこで，以下のことが成り立つ。

$\alpha = \beta$

$\Leftrightarrow 3x(1-y) + 3(1-x)y = 6xy + (1-x)(1-y)$

$\Leftrightarrow 3x - 3xy + 3y - 3xy = 6xy + 1 - x - y + xy$

$\Leftrightarrow 13xy - 4x - 4y + 1 = 0$

$\Leftrightarrow xy - \dfrac{4}{13}x - \dfrac{4}{13}y + \dfrac{1}{13} = 0$

$\Leftrightarrow \left(x - \dfrac{4}{13}\right)\left(y - \dfrac{4}{13}\right) - \dfrac{16}{169} + \dfrac{13}{169} = 0$

$\Leftrightarrow \left(x - \dfrac{4}{13}\right)\left(y - \dfrac{4}{13}\right) = \dfrac{3}{169}$

上式は，xy 座標平面上で次のような双曲線になる。なお x と y は確率なので，
$$0 \leqq x \leqq 1, \quad 0 \leqq y \leqq 1$$
の領域で考えることに留意する。

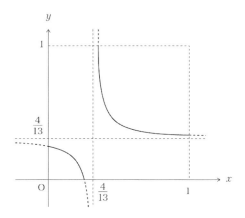

　グラフで，4つの点 $(0, 0)$, $(1, 0)$, $(1, 1)$, $(0, 1)$ で囲まれた正方形の部分において，AとBが互角になるのは双曲線上，ということである。また，点 $(1, 0)$, $(0, 1)$ 上では明らかにAが有利である。それゆえ，双曲線にはさまれた部分ではAが有利となり，双曲線の外側ではBが有利となる。とくに，Aは $x = \dfrac{4}{13}$ において，すなわち確率 $\dfrac{4}{13}$ でグーを出すときは，常に有利なのである。たとえば，AはBに見えないように52枚のトランプから1枚を事前に引いて，それがジャック，クイーン，キング，エースならばグーを出して，その他ならばパーを出せばよい。

第 5 章

指数・対数と数列

まとめと発見的問題解決法

● 指数と対数

実数 $a \neq 0$ と自然数 n に対して,

$$a^n = a \times a \times a \times \cdots \times a \quad (n \text{ 個の } a \text{ の積})$$

と中学数学で定義された。まず,

$$a^0 = 1, \quad a^{-n} = \frac{1}{a^n}$$

と定める。

2 以上の自然数 n と実数 a が与えられたとき,方程式

$$x^n = a$$

の解（根）を a の **n 乗根** という。n 乗根を単に **累乗根** ともいうが,とくに 2 乗根を **平方根**,3 乗根を **立方根** ということがある。

n が偶数のとき,a が正ならば a の n 乗根（実数）は 2 つある。それらのうち,正のほうを $\sqrt[n]{a}$ と書くことにすると,負のほうは $-\sqrt[n]{a}$ になる。また 0 の n 乗根は 0 だけであり,これも $\sqrt[n]{0}$ で表す。そして,a が負ならば,a の n 乗根は実数の範囲には存在しない。

n が奇数のとき,a の値にかかわらず,a の n 乗根（実数）はただ 1 つ存在する。それを $\sqrt[n]{a}$ で表す。

[公式1]

a, b を正の数, m, n を自然数とするとき, 以下が成り立つ。

(i) $\sqrt[m]{a}\,\sqrt[m]{b} = \sqrt[m]{ab}$

(ii) $\dfrac{\sqrt[m]{a}}{\sqrt[m]{b}} = \sqrt[m]{\dfrac{a}{b}}$

(iii) $\left(\sqrt[m]{a}\right)^n = \sqrt[m]{a^n}$

(iv) $\left(\sqrt[m]{a}\right)^{-n} = \sqrt[m]{a^{-n}}$

(v) $\sqrt[m]{\sqrt[n]{a}} = \sqrt[mn]{a}$

正の数 a, 整数 p, 自然数 q に対し

$$a^{\frac{p}{q}} = \sqrt[q]{a^p}$$

と定める。

$$\frac{p}{q} = \frac{m}{n} \quad (m:\text{整数},\ n:\text{自然数})$$

のとき

$$\sqrt[q]{a^p} = \sqrt[n]{a^m}$$

が成り立つことが示せる。そのもとで, 次の指数法則が成り立つ。

指数法則

a, b を正の数とし, r, s を有理数とすれば, 以下が成り

立つ。

(i) $a^r a^s = a^{r+s}$

(ii) $\dfrac{a^r}{a^s} = a^{r-s}$

(iii) $(a^r)^s = a^{rs}$

(iv) $(ab)^r = a^r b^r$

(v) $\left(\dfrac{a}{b}\right)^r = \dfrac{a^r}{b^r}$

　高校数学としては，すべての有理数 x に対し a^x を定めたことをもって a^x の定義は終わりにし，$y = a^x$ のグラフで x が無理数の部分では前後をつなげてなめらかに線を引く，というイメージでよい。大学数学レベルの話になると，指数の部分を実数にまで拡張し，正の数 a と実数 x に対して a^x を定める（『新体系・大学数学入門の教科書（上）』を参照）。

　よって，実数全体の集合を定義域とする関数

$$y = a^x$$

が定義される。この関数を，a を底とする x の**指数関数**といい，そのグラフは $a > 1$ と $0 < a < 1$ の場合に，それぞれ次の図のようになる。どちらのグラフに対しても，x 軸は漸近線となることに注意する。

　なお，指数法則に関しては，r, s を実数に拡張しても成り立つ。

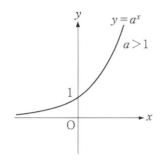 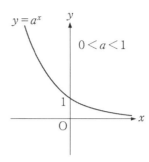

図からも分かるように，指数関数

$$y = a^x \quad (a > 0, a \neq 1)$$

については，任意の正の数 M に対し，

$$M = a^p$$

を満たす p がただ 1 つ存在する。この p を

$$\log_a M$$

で表し，a を**底**とする M の**対数**という。また M を，a を底とする p の**真数**という。底は 1 でない正の数で，真数は正の数である。とくに，

$$\log_a 1 = 0, \quad \log_a a = 1$$

である。また，$a^p = M$ のとき，$p = \log_a M$ であるから，

$$\log_a a^p = p$$

である。

次に，

$$y = a^x \Leftrightarrow x = \log_a y$$

となるので，x と y を入れ替えると，定義域が $\{x \mid x > 0\}$ の関数

$y = \log_a x$

が定まる。これを，a を底とする**対数関数**という。この関数は指数関数 $y = a^x$ の逆関数で，その値域は実数全体である。

前ページのグラフから，

$$y = \log_a x$$

のグラフは下図のようになることがわかる。

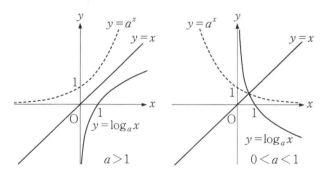

10 を底とする対数を**常用対数**といい，

$$\log_{10} 2 \fallingdotseq 0.3010, \quad \log_{10} 3 \fallingdotseq 0.4771$$

などの近似値は覚えておくとよいだろう。

[公式2]

r は実数，a, b, c, M, N は正の数で $a \neq 1, c \neq 1$ とすると，以下が成り立つ。

(i) $\log_a MN = \log_a M + \log_a N$

(ii) $\log_a \dfrac{M}{N} = \log_a M - \log_a N$

(iii) $\log_a M^r = r \log_a M$

(iv) $\log_a b = \dfrac{\log_c b}{\log_c a}$ （底の変換）

● 数学的帰納法

数学的帰納法とは，次に述べる証明方法である。自然数 n に関する条件命題 $P(n)$ があるとき，

(ア) $P(1)$ は成り立つ。
(イ) $P(k)$ が成り立つならば，$P(k+1)$ も成り立つ。

という2つが示されるならば，命題 $P(n)$ はすべての自然数 n について成り立つことになる。

任意の自然数 n について以下の式が成り立つ。

$$1 + 2 + 3 + \cdots + n = \frac{n(n+1)}{2}$$

$$1^2 + 2^2 + 3^2 + \cdots + n^2 = \frac{n(n+1)(2n+1)}{6}$$

● 数列

数を順に並べたものを**数列**という。

数列を構成する数のことを**項**といい，先頭から順に**初項（第1項）**，**第2項**，**第3項**，……という。

2つの数列

$$6, 4, 2, 0, -2, -4, -6, \cdots$$

$$100, -10, 1, -0.1, 0.01, -0.001, 0.0001, \cdots$$

を考えると，前者はどの項も直前の項を引くと一定で，後者はどの項も直前の項で割ると一定である。前者のような数列を**等差数列**といい，後者のような数列を**等比数列**という。等差数列における引いて得られた一定の値を**公差**といい，等比数列における割って得られた一定の値を**公比**という。ちなみに，前者の公差は -2 で，後者の公比は -0.1 である。

一般に，数列

$$a_1, a_2, a_3, a_4, a_5, \cdots$$

を $\{a_n\}$ で表す。a_n は数列の**第 n 項**であり，ふつう**一般項**と呼ばれる。

等差数列や等比数列の一般項は，初項と公差あるいは公比で表せる。前出の等差数列および等比数列の一般項は，それぞれ

$$6 - 2(n-1), \quad 100 \times (-0.1)^{n-1}$$

と表せる。

数列には，無限個の項をもつ**無限数列**と，項の個数が有限の**有限数列**がある。有限数列においては，項全体の個数を**項数**，最後の項を**末項**という。

数列 $\{a_n\}$ を初項が a，公差が d の等差数列とすると，一般項 a_n は

$$a_n = a + (n-1)d$$

と表せる。この数列の初項から第 n 項までの和を S_n とおくと，次の式が成り立つ。

$$S_n = a + (a+d) + (a+2d) + \cdots + \{a + (n-1)d\}$$

[公式 3]
等差数列の和の公式
$$S_n = \frac{n\{2a + (n-1)d\}}{2} \quad \text{(初項 } a\text{，公差 } d\text{，項数 } n\text{)}$$

数列 $\{a_n\}$ を初項が a，公比が r $(r \neq 0, 1)$ の等比数列とすると，一般項 a_n は

$$a_n = ar^{n-1}$$

と表せる。この数列の初項から第 n 項までの和を S_n とおくと，次の式が成り立つ。

$$S_n = a + ar + ar^2 + \cdots + ar^{n-1}$$

[公式 4]
等比数列の和の公式

$$S_n = \frac{a(1-r^n)}{1-r} \quad (初項\ a,\ 公比\ r\ (\neq 0, 1),\ 項数\ n)$$

有限数列

$a_1,\ a_2,\ a_3,\ \cdots,\ a_n$

の和を,記号 Σ(シグマ)を用いて

$$\sum_{k=1}^{n} a_k$$

で表す。すなわち,

$$\sum_{k=1}^{n} a_k = a_1 + a_2 + a_3 + \cdots + a_n$$

と定める。

[公式 5]
Σ の性質

数列 $\{a_n\}$, $\{b_n\}$ と定数 c について,次が成り立つ。

(i) $\displaystyle\sum_{k=1}^{n}(a_k + b_k) = \sum_{k=1}^{n} a_k + \sum_{k=1}^{n} b_k$

(ii) $\displaystyle\sum_{k=1}^{n} ca_k = c\sum_{k=1}^{n} a_k$

一般に,数列 $\{a_n\}$ に対して,

$b_n = a_{n+1} - a_n \quad (n = 1, 2, 3, \cdots)$

として得られる数列 $\{b_n\}$ を数列 $\{a_n\}$ の**階差数列**という。一見すると特徴がないように見える数列であっても,階差数列を介して考えると特徴が鮮明になることがある。

[公式6]

数列 $\{a_n\}$ の階差数列を $\{b_n\}$ とするとき,

$$a_n = a_1 + \sum_{k=1}^{n-1} b_k \quad (n \geqq 2)$$

数列に関して,それ以前の項から次の項を一意的に定める規則を与える式を,数列の**漸化式**という。そして漸化式によって数列を定義することを,数列の**帰納的定義**という。

数列 $2, 3, 6, 11, 18, 27, \cdots$ を帰納的に定義すると,

$a_1 = 2, a_{n+1} = a_n + 2n - 1 \quad (n \geqq 1)$

となり,この数列の階差数列 $\{b_n\}$ は,

$b_n = 2n - 1$

と表される。

1節　指数・対数の定義

指数関数と対数関数は逆関数の関係であり，対数の発見によって 0 にかなり近い正の数や，非常に大きい数を手軽に扱えるようになった。それは，諸科学の発展に大きく寄与したのである。対数と指数は，底，真数などの用語やいくつかの公式があり，本節では演習によってそれらを習熟する。

例題 1 年利率 5% で 1 年ごとに利息を元金に繰り入れる複利法で，元利合計が初めて元金の 2 倍を超えるのは何年後であるか。ただし，

$$\log_{10} 2 = 0.3010, \quad \log_{10} 3 = 0.4771,$$
$$\log_{10} 7 = 0.8451$$

とする。ヒントとして，$1.05 = \dfrac{21}{20}$ である。

解説 n 年後に初めて元金の 2 倍を超えるとすると，n は

$$1.05^n \geqq 2$$

を満たす最小の自然数である。そこで，n は

$$\left(\frac{21}{20}\right)^n \geqq 2$$

を満たす最小の自然数である。両辺の常用対数（底を 10 とする対数）をとると，

$$n(\log_{10} 21 - \log_{10} 20) \geqq \log_{10} 2$$

$$n\{\log_{10} 3 + \log_{10} 7 - (\log_{10} 2 + \log_{10} 10)\} \geqq \log_{10} 2$$
$$n(0.4771 + 0.8451 - 0.3010 - 1) \geqq 0.3010$$
$$n \times 0.0212 \geqq 0.3010$$
$$n \geqq \frac{0.3010}{0.0212} = 14.19\cdots$$

となるので，求める自然数 n は 15，すなわち答えは 15 年後である．

　もっとも本問題に関しては，電卓を使えばすぐに解を求めることができる．しかし一般に，正の数 a の n 乗で n が非常に大きい数の場合を考えるときは，やはり対数という道具を利用せざるを得なくなる．対数の発見によって，宇宙や細菌の研究が飛躍的に発展したことに留意すべきだろう．

例題2　次の各問について，2 つの数の大小を比較せよ．ただし，(2) では，$\log_{10} 2 = 0.3010, \log_{10} 3 = 0.4771$ を仮定してよい．

(1)　$\dfrac{3}{2}$ と $\log_9 25$

(2)　15×10^5 と 3^{13}

解説　(1)　指数や対数として 2 つの数を比較する場合，それぞれの底を揃えなければ比較できない．そこで本問では，$\dfrac{3}{2}$ を底が 9 の対数で表してみよう．

$$\frac{3}{2} = \frac{3}{2}\log_9 9 = \log_9 9^{\frac{3}{2}} = \log_9 3^3 = \log_9 27$$

が成り立つので，

$$\frac{3}{2} > \log_9 25 \quad \text{を得る。}$$

(2) 問題にある 2 つの数について，底が 10 の対数をとると次のようになる。

$$\begin{aligned}
\log_{10}(15 \times 10^5) &= \log_{10} 15 + 5 \\
&= \log_{10} 30 - \log_{10} 2 + 5 \\
&= \log_{10} 3 + \log_{10} 10 - \log_{10} 2 + 5 \\
&= 0.4771 - 0.3010 + 6 = 6.1761
\end{aligned}$$

$$\log_{10} 3^{13} = 13 \log_{10} 3 = 13 \times 0.4771 = 6.2023$$

したがって，

$$15 \times 10^5 < 3^{13} \quad \text{を得る。}$$

例題 3 $\log_2 3 = a$, $\log_3 7 = b$ のとき，$\log_{42} 56$ を a, b を用いて表せ。

解説 底を揃えて計算すればできる問題といえよう。

$$\log_{42} 56 = \frac{\log_2 56}{\log_2 42} = \frac{\log_2 8 + \log_2 7}{\log_2 2 + \log_2 3 + \log_2 7}$$

$$\log_2 7 = \frac{\log_3 7}{\log_3 2} = \frac{\log_3 7}{\dfrac{\log_2 2}{\log_2 3}} = ab$$

であるので，

$$\log_{42} 56 = \frac{3 + ab}{1 + a + ab}$$

第5章 指数・対数と数列

例題 4 $\log_{10}(\log_{10} x) = 2$ であるとき，x の桁数を求めよ。

解説 $\log_{10} 100 = 2$ であるので，
$\quad \log_{10} x = 100$
$\quad x = 10^{100}$
を得る。この数は 1 の後に 0 が 100 個ついた整数であるから，この桁数は 101 である。

なお，解析学を用いて整数を研究する解析的整数論の分野では，底は自然対数の e であるものの，本問題のように log の後に log が並ぶような式がときどき現れる。それだけ，非常に大きい数を扱っているのである。

例題 5 $\log_{10} 3$ の近似値を用いないで，
$$0.4 < \log_{10} 3 < 0.5$$
が成り立つことを証明せよ。

解説 与不等式を証明するために，次の不等式を証明すればよいのである（逆向きに考える発見的問題解決法を使う）。
$\quad 10 \times 0.4 < 10 \times \log_{10} 3 < 10 \times 0.5$
すなわち，
$\quad 4 < \log_{10} 3^{10} < 5$
を証明すればよい。ここで，
$\quad 4 = \log_{10} 10000, \quad 5 = \log_{10} 100000$
$\quad 3^{10} = 3^5 \times 3^5 = 243 \times 243 = 59049$

201

$10000 < 59049 < 100000$

である。そこで，上式から本問題の目標とする式まで逆に辿ることができるので，証明は完成したことになる。

例題6　$x + 2y = 8$ のとき，

$$\log_{10} x + \log_{10} y$$

の最大値を求めよ。

解説　指数や対数に関しては，底や真数でいくつかの条件がつく。また，大小関係に関しても底の値によって変わるので，注意が必要である。それらに対してきちんと注意すれば，道具としての指数や対数は扱いやすいだろう。一方，入試問題を作成する者としては，その辺りをチェックする問題は作りたい気持ちになる。そして，他の分野との融合問題の作成を考えると，試験範囲などから 2 次方程式や 2 次関数は適当になる。

本問題では，まず真数条件（真数に関する条件）から
　$x > 0, \quad y > 0$
を得る。そして $x = -2y + 8$ であるから，
$$\log_{10} x + \log_{10} y = \log_{10}(-2y + 8)y$$
$$= \log_{10}\{-2(y-2)^2 + 8\}$$
となる。ここで，$y = 2$ のとき $x = 4$ であり，これらは x と y の真数条件を満たしている。以上から，求める最大値は
　$\log_{10} 8 = 3\log_{10} 2$
である。

第5章 指数・対数と数列

例題 7 a は正の数で，a^4 は 10 桁の整数部分をもつ。このとき $\sqrt[4]{a}$ の整数部分が，3 または 4 になることを証明せよ。ただし，$\log_{10} 2 = 0.3010, \log_{10} 3 = 0.4771$ を用いてよい。

解説 仮定より，
$$10^9 \leq a^4 < 10^{10}$$
が成り立つ。各項について底が 10 の対数をとると，
$$9 \leq 4 \log_{10} a < 10$$
となるので，次式を得る。
$$\frac{9}{16} \leq \frac{1}{4} \log_{10} a = \log_{10} \sqrt[4]{a} < \frac{5}{8}$$

したがって $1 < \sqrt[4]{a} < 10$ であるから，$\sqrt[4]{a}$ の整数部分は 1 桁である。さらに，

$$\frac{9}{16} = 0.5625, \quad \frac{5}{8} = 0.625$$
$$\log_{10} 3 = 0.4771$$
$$\log_{10} 4 = 2 \times 0.3010 = 0.6020$$
$$\log_{10} 5 = \log_{10} 10 - \log_{10} 2 = 0.6990$$

なので，
$$\log_{10} 3 < \log_{10} \sqrt[4]{a} < \log_{10} 5$$
$$3 < \sqrt[4]{a} < 5$$
が導かれる。よって，$\sqrt[4]{a}$ の整数部分の値は 3 または 4 である。

参考までに，$0.5625 < \log_{10} 3.75 = \log_{10} \dfrac{15}{4}$，$\log_{10} 4 < 0.625$ であることに注意しておく。

■■■ 2節　指数・対数の方程式と不等式 ■■■

前節で学んだ内容を踏まえて，本節では演習を通して指数・対数に関する方程式や不等式を学ぶ。とくに不等式に関しては，底の値によっては不等号の向きが逆になることもあるので，注意が必要である。間違えているかもしれないと思ったら，具体的な数値を代入したり，グラフを用いて確かめたりするとよい。

例題 1　次の関数 y の最小値，およびそれを与える x の値を求めよ。

$$y = 2^{2x} - 5 \cdot 2^{x-1} + 1$$

解説　関数の式を見てまず気づくことは，指数関数の 2^{2x} も 2^{x-1} も，それらの値域は正の数全体である。そして y は，それらによって表した関数である。そのような背景を踏まえて，

$$t = 2^x$$

とおくと，t の値域は $t > 0$ で，

$$y = t^2 - \frac{5}{2}t + 1$$

と表せるのである。それゆえ，

$$y = \left(t - \frac{5}{4}\right)^2 - \frac{25}{16} + 1$$

$$y = \left(t - \frac{5}{4}\right)^2 - \frac{9}{16}$$

となるので，

$$t = \frac{5}{4} \text{ のとき，} y \text{ は最小値} -\frac{9}{16} \text{ をとる。}$$

すなわち，$x = \log_2 \frac{5}{4} = \log_2 5 - 2$ のとき，y は最小値 $-\frac{9}{16}$ をとる。

例題 2 方程式

$$x^{\log_{10} x} = 100x$$

を満たす x を求めよ。

解説 与式の両辺について底が 10 の対数をとると，順に以下を得る。

$\log_{10} x^{\log_{10} x} = \log_{10} 100x$
$(\log_{10} x)(\log_{10} x) = 2 + (\log_{10} x)$
$(\log_{10} x - 2)(\log_{10} x + 1) = 0$
$\log_{10} x = 2, -1$
$x = 100, 0.1$

例題 3 x についての方程式

$$\log_2(x-1) = \log_4 a + \log_{\frac{1}{2}}(3-x)$$

が根をもつための a の範囲を求めよ。

解説 指数や対数を扱うとき，底や真数に関する条件は忘

れてはならない。そこで，気づいたときにはすぐに書いておくことがよい。本問題では，
$$x > 1, \quad a > 0, \quad x < 3$$
すなわち
$$a > 0, \quad 1 < x < 3 \quad \cdots\cdots(*)$$
が本問題での条件となる。

また，指数や対数では底を揃えなくては議論は進まない。そこで本問題では，底を 2 にして考えよう。与えられた方程式は，
$$\log_2(x-1) - \frac{\log_2(3-x)}{\log_2 \frac{1}{2}} = \frac{\log_2 a}{\log_2 4} \quad \cdots\cdots ①$$
$$\log_2(x-1) - \frac{\log_2(3-x)}{-1} = \frac{\log_2 a}{2} \quad \cdots\cdots ②$$
と表すことができる。したがって，
$$\log_2\{(x-1)(3-x)\} = \log_2 \sqrt{a} \quad \cdots\cdots ③$$
$$(x-1)(3-x) = \sqrt{a} \quad \cdots\cdots ④$$
が導かれたのである。

ここで ($*$) より，左辺は 0 より大で，また左辺を x の 2 次関数と見ると，左辺は $x = 2$ のとき最大値 1 をとる。以上から，
$$0 < \sqrt{a} \leqq 1$$
$$0 < a \leqq 1$$
を得る。このとき，議論を逆に辿ると，④ については ($*$) を満たす範囲で x は解をもち，同様に ③，②，①，そして本問題の式についても ($*$) を満たす範囲で x は解をもつことが分かる。

第5章 指数・対数と数列

例題 4 次の連立方程式を解け。
$$\begin{cases} \log_x(x+y) = \log_y(x+y) \\ 3x^2 - xy + y^2 = 1 \end{cases}$$

解説 まず対数の底は正で 1 でないので，
$$x > 0, \quad x \neq 1, \quad y > 0, \quad y \neq 1 \quad \cdots\cdots(*)$$
という条件が付く。

最初の式の底を 10 に揃えると，
$$\frac{\log_{10}(x+y)}{\log_{10} x} = \frac{\log_{10}(x+y)}{\log_{10} y}$$
が成り立つ。さらに，上式の左右両辺の分子は同じなので，$\log_{10}(x+y) \neq 0$ のときは
$$\log_{10} x = \log_{10} y$$
$$x = y$$
となる。この場合，本問題の式から
$$3x^2 - x^2 + x^2 = 1$$
$$3x^2 = 1$$
$$x = \pm \frac{\sqrt{3}}{3}$$
を得るが，条件 (*) に留意すると，本問題の 1 つの解として
$$x = y = \frac{\sqrt{3}}{3}$$
を得る。

次に，$\log_{10}(x+y) = 0$ のときは，

$x+y=1$

となる。この場合，本問題の式から

$3x^2 - x(1-x) + (1-x)^2 = 1$

$3x^2 - x + x^2 + 1 - 2x + x^2 = 1$

$5x^2 - 3x = 0$

$x = \dfrac{3}{5}, \quad 0$

を得るが，条件（∗）に留意すると，本問題の 1 つの解として

$x = \dfrac{3}{5}, \quad y = \dfrac{2}{5}$

を得る。

以上から，答えをまとめて書くと以下となる。

$x = y = \dfrac{\sqrt{3}}{3}, \quad x = \dfrac{3}{5} \quad かつ \quad y = \dfrac{2}{5}$

例題 5 次の不等式を解け。

$$\log_2(x-1) \leqq \log_4(2x-1)$$

解説 与不等式における対数の真数に関する条件から，

$x - 1 > 0, \quad 2x - 1 > 0$

すなわち，$x > 1$ を満たさなければならない。

与不等式の底を 2 に揃えると，

$\log_2(x-1) \leqq \dfrac{\log_2(2x-1)}{\log_2 4}$

$2\log_2(x-1) \leqq \log_2(2x-1)$

$\log_2(x-1)^2 \leqq \log_2(2x-1)$

となる。上式の対数の底は 1 より大なので,

$(x-1)^2 \leqq 2x-1$

$x^2 - 4x + 2 \leqq 0$

$2 - \sqrt{2} \leqq x \leqq 2 + \sqrt{2}$

を得る。ここで,冒頭で示した $x > 1$ という条件があるので,本問題の答えは

$1 < x \leqq 2 + \sqrt{2}$

である。

指数・対数の不等式では,底が 1 より大きいか否かについて,とくに注意しなくてはならない。

例題 6 次の不等式を解け。ただし,$a > 1$ とする。

$$\log_a \left| \frac{1}{x} \right| > \log_a (x+1)$$

解説 まず真数の条件から $x > -1$。2 章で扱った不等式を見ても分かるように,図を用いて考えることは基本的にプラスである。本問題も,図を用いて考えてみよう。

最初は,$y = \log_a \left| \dfrac{1}{x} \right|$ のグラフを考えてみる。

$x > 0$ のときは,

$$\log_a \left| \frac{1}{x} \right| = \log_a \frac{1}{x} = -\log_a x$$

であるから,$y = -\log_a x$ のグラフを描けばよい。

$x < 0$ のときは，$x > 0$ の場合のグラフを y 軸に関して対称に描けばよい。

次に，$y = \log_a(x+1)$ のグラフは，$y = \log_a x$ のグラフを x 軸に沿って左に 1 動かせばよい。

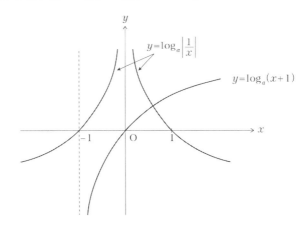

xy 座標平面上に 2 つのグラフをまとめて描くと上図のようになる。そこで，それらの交点の x 座標を求めてみよう。
$$-\log_a x = \log_a(x+1)$$
を満たす x を求めればよいので，
$$\log_a(x+1) + \log_a x = 0$$
$$\log_a(x+1)x = \log_a 1$$
$$(x+1)x = 1$$
$$x = \frac{-1 \pm \sqrt{5}}{2}$$
を得る。ここで，$x > 0$ のときを考えているから，

$$x = \frac{-1+\sqrt{5}}{2}$$

となる。そして前ページの図より,求める解は

$$-1 < x < 0, \quad 0 < x < \frac{-1+\sqrt{5}}{2}$$

となる。

例題7 次の不等式を解け。ただし,$x > 1$ とする。

$$\log_2 x + \log_x 2 < \frac{5}{2}$$

解説 $x > 1$ という条件から,対数の底および真数に関して注意すべき点はない。さらに $y = \log_2 x$ とおくと,y は正である。そこで

$$\log_x 2 = \frac{\log_2 2}{\log_2 x} = \frac{1}{y}$$

であるから,以下が分かる。

$$y + \frac{1}{y} < \frac{5}{2}$$
$$y^2 + 1 < \frac{5}{2}y$$
$$2y^2 - 5y + 2 < 0$$
$$(2y-1)(y-2) < 0$$
$$\frac{1}{2} < y < 2$$
$$\sqrt{2} < x < 4$$

例題 8 次の不等式を解け。

$$\log_x (4x-3) > 2$$

解説 対数の底および真数の条件から，

$$x > 0, \quad x \neq 1, \quad x > \frac{3}{4}$$

それゆえ

$$x \neq 1, \quad x > \frac{3}{4} \quad \cdots\cdots (*)$$

が前提条件となる。そして，与不等式の右辺も底が x の式に揃えると，

$$\log_x (4x-3) > \log_x x^2 \quad \cdots\cdots ①$$

となる。ここから，$x > 1$ の場合と $0 < x < 1$ の場合に分けて考えよう。

$x > 1$ の場合，① より

$$4x - 3 > x^2$$
$$x^2 - 4x + 3 < 0$$
$$(x-1)(x-3) < 0$$
$$1 < x < 3$$

となる。もちろん，これは前提条件 $(*)$ に何ら反しない。

$0 < x < 1$ の場合，① より

$$4x - 3 < x^2$$
$$x^2 - 4x + 3 > 0$$
$$(x-1)(x-3) > 0$$
$$x < 1, \quad x > 3$$

となるが，$0 < x < 1$ の場合について考えているので，ここ

では
$$0 < x < 1$$
を得る。ここで前提条件（*）を踏まえると，
$$\frac{3}{4} < x < 1$$
を得る。

以上から，本問題の解は以下である。
$$\frac{3}{4} < x < 1, \quad 1 < x < 3$$

例題9 次の不等式
$$a < \log_x a < 1$$
を満たす x の範囲を求めよ。

解説 まず，対数の底に関する条件より
$$x > 0, \quad x \neq 1$$
である。また，対数の真数としての a は正であり，与不等式の意味から a は 1 より小である。すなわち，
$$0 < a < 1$$
である。このとき，与不等式は次式で表せる。
$$a < \frac{\log_a a}{\log_a x} < 1$$
$$a < \frac{1}{\log_a x} < 1 \quad \cdots\cdots (*)$$

ここから，$0 < x < 1$ と $x > 1$ の場合に分けて考えると，

以下が成り立つ。

$0 < x < 1$ の場合, (*) より

$$\log_a x < \frac{1}{a} \quad \text{かつ} \quad 1 < \log_a x$$

$$\log_a x < \log_a a^{\frac{1}{a}} \quad \text{かつ} \quad \log_a a < \log_a x$$

である。ここで, $0 < a < 1$ であるので,

$$a^{\frac{1}{a}} < x < a$$

が導かれる。

一方, $x > 1$ の場合, $\log_a x$ は負になるので, (*) を満たすことはない。

以上から, 求める x の範囲は

$$a^{\frac{1}{a}} < x < a$$

となる。

3節　指数・対数のグラフ

指数・対数に関しては，平易な問題でもいろいろな条件がつくことが普通である。まして若干複雑な条件がつく問題では，グラフを用いて視覚的に確かめながら解法に取り組むとよい。本節ではその視点に立った演習を行う。

例題1　相異なる 2 つの正の数 x, y が次の条件 $(*)$ を満たすとき，xy 座標平面上で点 (x, y) の存在範囲を図示せよ。

$$x \neq 1, \quad y \neq 1, \quad \log_x y = \log_y x \quad \cdots\cdots(*)$$

解説　まず本問題においては，

$$\log_x y = \log_y x \Leftrightarrow \log_x y = \frac{1}{\log_x y}$$
$$\Leftrightarrow (\log_x y)^2 = 1$$

が成り立つ。ここで $X^2 = 1$ となる実数 X は ± 1 であるが，

$$\log_x y = 1 \Leftrightarrow x = y$$

なので，仮定より $\log_x y = -1$ でなければならない。

それゆえ，本問題では

$$x > 0, \quad y > 0, \quad x \neq 1, \quad y \neq 1$$

のもとで，$\log_x y = -1$ のグラフ，すなわち

$$y = \frac{1}{x}$$

のグラフを描けばよいのである。

215

求める存在範囲は，第1象限における $y = \dfrac{1}{x}$ のグラフから点 $(1,\ 1)$ を除く部分である。

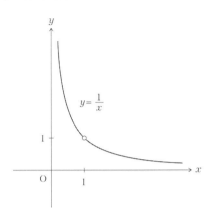

例題2　xy 座標平面上で，次の不等式を満たす範囲を図示せよ。

$$\log_x (\log_x y) > 0$$

解説　本問題は，対数の log が入れ子のように見える不等式である。このような問題で心掛けたい点は，定義に戻って冷静に考えることである。まず，対数の底や真数に関する前提条件として

　　$x > 0, \quad y > 0, \quad x \neq 1$

がある。

　そして，$x > 1$ と $0 < x < 1$ の場合に分けて考えよう。

$x > 1$ のとき,題意より $\log_x y > 1$ となるので,$y > x$ が成り立つ。

$0 < x < 1$ のとき,題意より $0 < \log_x y < 1$ となるので,
$$0 < y < 1, \quad y > x$$
が成り立つ。

以上から,求める範囲を図示すると以下になる。ただし,境界は含まない。

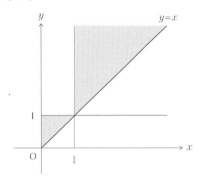

例題 3 xy 座標平面上で,次の不等式を満たす範囲を図示せよ。

$$\log_x y - 2\log_y x < 1$$

解説 まず,対数の底や真数に関する前提条件として
$$x > 0, \quad y > 0, \quad x \neq 1, \quad y \neq 1$$
がある。そして,
$$X = \log_x y$$
とおくと,前提条件から $X \neq 0$ で,与式から

$$X - \frac{2}{X} < 1$$

$$\frac{X^2 - 2 - X}{X} < 0$$

$$\frac{(X+1)(X-2)}{X} < 0$$

が導かれる.以下,$X > 0$ と $X < 0$ に分けて考えよう.

$X > 0$ の場合,さらに次の 2 つに分けて考えることができる.

$x > 1, \quad y > 1 \quad \cdots\cdots ①$

$0 < x < 1, \quad 0 < y < 1 \quad \cdots\cdots ②$

$X < 0$ の場合,さらに次の 2 つに分けて考えることができる.

$0 < x < 1, \quad y > 1 \quad \cdots\cdots ③$

$x > 1, \quad 0 < y < 1 \quad \cdots\cdots ④$

① の場合,$(X+1)(X-2) < 0$ であるから,

$-1 < \log_x y < 2$

$\dfrac{1}{x} < y < x^2$

となる.

② の場合,$(X+1)(X-2) < 0$ であるから,

$-1 < \log_x y < 2$

$\dfrac{1}{x} > y > x^2$

となる.

③ の場合,$(X+1)(X-2) > 0$ であるから,

$\log_x y < -1 \quad$ または $\quad \log_x y > 2$

$$y > \frac{1}{x} \quad \text{または} \quad y < x^2$$

となる。

④ の場合，$(X+1)(X-2) > 0$ であるから，

$$\log_x y < -1 \quad \text{または} \quad \log_x y > 2$$

$$y < \frac{1}{x} \quad \text{または} \quad y > x^2$$

となる。

以上から，求める範囲を図示すると以下になる。ただし，境界は含まない。

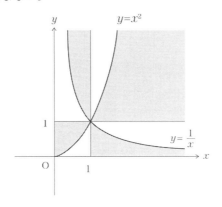

4節 数学的帰納法

すべての自然数に対して成り立つ命題を証明する有力な方法として，数学的帰納法がある。（ア）$n=1$ のとき成り立つ。（イ）$n=k$ のとき成り立つならば $n=k+1$ のときも成り立つ。これら 2 つを示す方法，あるいはその変形である。「数学的帰納法によって証明せよ」と書かれている問題ばかりに慣れてしまうことの心配な点を注意しながら，数学的帰納法に関する演習問題を学ぶ。

例題 1 n を自然数とするとき，

$$5n + n^3$$

は 6 の倍数であることを数学的帰納法によって証明せよ。

解説 本問題はあくまでも数学的帰納法を学ぶための問題である。最初に数学的帰納法を用いない証明を考えて，次に数学的帰納法を用いる証明を考えよう。

$$5n + n^3 = n(5 + n^2)$$

が成り立つから，n が 6 の倍数のときは，与式は 6 の倍数である。

$n = 6m + 1$（m: 整数）のときは，
$$5 + n^2 = 36m^2 + 12m + 6 = 6(6m^2 + 2m + 1)$$

$n = 6m + 2$（m: 整数）のときは，n は 2 の倍数で，さらに
$$5 + n^2 = 36m^2 + 24m + 9 = 3(12m^2 + 8m + 3)$$

$n = 6m + 3$（m: 整数）のときは，n は 3 の倍数で，さらに

$\quad 5 + n^2 = 36m^2 + 36m + 14 = 2(18m^2 + 18m + 7)$

$n = 6m + 4$（m: 整数）のときは，n は 2 の倍数で，さらに

$\quad 5 + n^2 = 36m^2 + 48m + 21 = 3(12m^2 + 16m + 7)$

$n = 6m + 5$（m: 整数）のときは，

$\quad 5 + n^2 = 36m^2 + 60m + 30 = 6(6m^2 + 10m + 5)$

以上から，結論が導かれたことになる。

次に，数学的帰納法を用いる証明をしよう。

$n = 1$ のとき，$5n + n^3 = 6$ であるから，結論は成り立つ。

$n = k$ のとき結論は成り立つとすると，$5k + k^3$ は 6 の倍数。すなわち，

$\quad 5k + k^3 = 6m$

となる整数 m がある。このとき，

$\quad 5(k+1) + (k+1)^3 = 5k + k^3 + 5 + 3k^2 + 3k + 1$
$\quad \qquad\qquad\qquad\qquad = 6m + 6 + 3k(k+1)$

が成り立ち，$k(k+1)$ は必ず偶数なので，上式は必ず 6 の倍数になる。したがって，$n = k + 1$ のとき結論は成り立つので，数学的帰納法によって，本問題は証明されたことになる。

例題2 n を自然数とするとき，次式が成立することを数学的帰納法によって証明せよ。

$\quad 1 \cdot 3 \cdot 5 \cdots (2n-1)2^n$
$\quad = (2n)(2n-1)(2n-2)\cdots(n+1)$

解説 $n=1$ のとき,

$$左辺 = 1 \cdot 2^1 = 2, \quad 右辺 = 2$$

となるので,与式は成り立つ。

$n=k$ のとき与式は成り立つとすると,

$$1 \cdot 3 \cdot 5 \cdots (2k-1)2^k$$
$$= (2k)(2k-1)(2k-2)\cdots(k+2)(k+1)$$

両辺に $2(2k+1)$ を掛けると,

$$1 \cdot 3 \cdot 5 \cdots (2k+1)2^{k+1} = (2k)(2k-1)(2k-2)$$
$$\cdots (k+2)(k+1)\{2(2k+1)\}$$

となる。そこで,上式右辺が

$$(2k+2)(2k+1)(2k)(2k-1)(2k-2)\cdots(k+2)$$

と等しくなることを示せば,$n=k+1$ のとき与式は成り立つことになる。

実際,

$$(k+1)\{2(2k+1)\} = (2k+2)(2k+1)$$

が成り立つので,それが示せたのである。

以上から,数学的帰納法によって,本問題は証明されたことになる。

例題 3 n を自然数とするとき,次式が成立することを証明せよ。

$$\left(1 + \frac{1}{2} + \frac{1}{3} + \cdots + \frac{1}{n}\right)(1+2+3+\cdots+n) \geqq n^2$$

解説 このような問題を見ると,これは数学的帰納法で証明

する問題ではないか，と想像するだろう。実は，それ以前に大切なことがある。一般の自然数 n について成り立つかもしれない命題を見たとき，いきなり数学的帰納法による証明を試すことはいかがなものだろうか。まず，$n=1$ で成り立つだろうか。次に，$n=2$ で成り立つだろうか。次に，$n=3$ で成り立つだろうか。などを確かめて，「ひょっとして，一般の自然数 n について成り立つだろうか」と自問してから，数学的帰納法での証明を試みることが適当だろう。

本問題に関しては，一般の自然数 n について成り立つことが分かっている命題の証明である。以下，数学的帰納法によって証明しよう。

$n=1$ のとき，
　　左辺 $= 1 \cdot 1 = 1$, 　右辺 $= 1^2 = 1$
となるので，与不等式は成り立つ。

$n=2$ のとき，
　　左辺 $= \dfrac{3}{2} \cdot 3 = \dfrac{9}{2}$, 　右辺 $= 2^2 = 4$
となるので，与不等式は成り立つ。

$n=k(\geqq 2)$ のとき与不等式は成り立つとすると，
$$\left(1+\frac{1}{2}+\frac{1}{3}+\cdots+\frac{1}{k}\right)$$
$$\times (1+2+3+\cdots+k) \geqq k^2 \quad \cdots\cdots ①$$

$n=k+1$ のとき与不等式が成り立つことを証明するために，与不等式の左辺の n に $k+1$ を代入した式を考えよう。

$$\left(1 + \frac{1}{2} + \frac{1}{3} + \cdots + \frac{1}{k} + \frac{1}{k+1}\right)$$
$$\times \{1 + 2 + 3 + \cdots + k + (k+1)\}$$
$$= \left(1 + \frac{1}{2} + \frac{1}{3} + \cdots + \frac{1}{k}\right)(1 + 2 + 3 + \cdots + k)$$
$$+ \left(1 + \frac{1}{2} + \frac{1}{3} + \cdots + \frac{1}{k}\right)(k+1)$$
$$+ \frac{1}{k+1}(1 + 2 + 3 + \cdots + k) + \frac{1}{k+1}(k+1)$$

であるので，① を用いて

$$上式 \geqq k^2 + \left(1 + \frac{1}{2} + \frac{1}{3} + \cdots + \frac{1}{k}\right)(k+1)$$
$$+ \frac{1}{k+1}(1 + 2 + 3 + \cdots + k) + 1$$

を得る。そこで $n = k+1$ のとき与不等式が成り立つことを証明するためには，$(k+1)^2 = k^2 + 2k + 1$ であるので，

$$\left(1 + \frac{1}{2} + \frac{1}{3} + \cdots + \frac{1}{k}\right)(k+1)$$
$$+ \frac{1}{k+1}(1 + 2 + 3 + \cdots + k) \geqq 2k \quad \cdots\cdots ②$$

が成り立つことを示せばよい。ここで，

$$\left(1 + \frac{1}{2} + \frac{1}{3} + \cdots + \frac{1}{k}\right)(k+1) \geqq \frac{3}{2}(k+1)$$
$$\frac{1}{k+1}(1 + 2 + 3 + \cdots + k) = \frac{1}{k+1} \cdot \frac{k(k+1)}{2} = \frac{k}{2}$$

であるので，② が導かれたことになる。

　以上から，数学的帰納法によって，本問題は証明されたこ

とになる。

例題 4 n が 5 以上の整数のとき，次式が成立することを証明せよ。

$$\frac{\log_{10} 2}{2} > \frac{\log_{10} n}{n}$$

解説 はじめに，大小比較の問題を考えるとき，次のことに留意しよう。たとえば，

$\dfrac{2}{7}$ と $\dfrac{3}{11}$ の比較ならば，両方を 77 倍して考えるとよい。

$5^{\frac{3}{2}}$ と $2^{\frac{7}{3}}$ の比較ならば，両方を 6 乗して考えるとよい。

そのように，比較する対象の差を広げるように，同時に何倍とか何乗をするとよいことが多い。それから連想すると，一般に対数は大きい数をグッと小さくするものなので，対数同士でそのまま比較することは難しいことが普通である。そこで，対数同士の比較を指数同士の比較に直せないかを考えてみたい。

本問題に関しては，まず次の同値性に注目する。

$$\frac{\log_{10} 2}{2} > \frac{\log_{10} n}{n}$$
$$\Leftrightarrow n \log_{10} 2 > 2 \log_{10} n$$
$$\Leftrightarrow \log_{10} 2^n > \log_{10} n^2$$
$$\Leftrightarrow 2^n > n^2$$

そこで，n が 5 以上の整数のとき，

$$2^n > n^2 \quad \cdots\cdots (*)$$

が成り立つことを数学的帰納法で示せばよい。

$n = 5$ のとき,
　　左辺 $= 2^5 = 32$, 　右辺 $= 5^2 = 25$
なので,（$*$）は成り立つ。

次に, $n = k(\geqq 5)$ のとき（$*$）は成り立つとする。すなわち,
　　$2^k > k^2$
とする。この式の両辺に 2 を掛けると,
　　$2^{k+1} > 2 \times k^2$ 　……①
となる。そして,
　　$2 \times k^2 - (k+1)^2 = k^2 - 2k - 1$
　　　　$= (k-1)^2 - 2 \geqq 4^2 - 2 = 14$
であるので,
　　$2 \times k^2 > (k+1)^2$ 　……②
を得る。したがって, ① と ② より
　　$2^{k+1} > (k+1)^2$
が導かれたのである。以上から, 数学的帰納法によって（$*$）は証明された。

5節　数列

数列とは数を順に並べたものである。それゆえ，何らかの特徴のある数列を扱わなければ意味をもたないのである。等差数列と等比数列は応用上もよく用いられるが，とくに等比数列の和については，自然科学ばかりでなく経済・経営学方面でもよく用いられる。本節ではそれらのほか，和に関する便利な記号 Σ についての演習問題を学ぶ。

例題 1　300 より小さい自然数で，6 の倍数であるが，8 の倍数でないものの和を求めよ。

解説　6 の倍数かつ 8 の倍数である自然数は，24 の倍数である。したがって，300 より小さい自然数のうち，6 の倍数の合計から，24 の倍数の合計を引けばよいのである。

300 より小さい 6 の倍数で最大の数は 294，300 より小さい 24 の倍数で最大の数は 288 である。そこで等差数列の和の公式より，

1 以上 300 未満の 6 の倍数の合計
$$= (6 + 294) \times \{(294 - 6) \div 6 + 1\} \div 2$$
$$= 300 \times 49 \div 2 = 7350$$

1 以上 300 未満の 24 の倍数の合計
$$= (24 + 288) \times \{(288 - 24) \div 24 + 1\} \div 2$$
$$= 312 \times 12 \div 2 = 1872$$

となるので，

求める数 $= 7350 - 1872 = 5478$

を得る。

例題2 n を自然数，m を 2 以上の自然数とすると，n^m は相続く n 個の奇数の和になることを証明せよ。

解説 本問題を文面通りに考えようとすると，n^m から相続く n 個の奇数を探すように考えるだろう。これは若干困るのではないだろうか。そこで逆に考えて，そのような相続く n 個の奇数があるならば，どのようなことが分かるだろうか，と考える。すなわち，ある奇数 d があって，

$n^m = d + (d+2) + (d+4) + \cdots + \{d + 2(n-1)\}$ ……①

となる状況を考えてみる。そこで，以下の式変形が導かれる。

$n^m = n\{2d + 2(n-1)\} \div 2$

$n^{m-1} = d + n - 1$

$d = n^{m-1} - n + 1$ ……②

② 式において，n が奇数であっても偶数であっても右辺は奇数となる。また，② 式が成り立てば ① 式は成り立つ。したがって，本問題は証明されたことになる。

例題3 n は自然数，a は 1 以外の実数とする。このとき，

$$na^n = a^{n-1} + a^{n-2} + \cdots + a + 1$$

が成り立つならば，$|a| < 1$ となることを証明せよ。

解説 与式を一見すると，次の兆候があることに気づくだろう。a が 1 より大きいとき，a^n は $a^{n-1}, a^{n-2}, \cdots, a, 1$

のどれよりも大きい。そして，na^n は a^n が n 個あるので，na^n は $a^{n-1}, a^{n-2}, \cdots, a, 1$ の合計より大きい。

本問題は，上で述べたことに気づけば，半分は解けたことになるだろう。実際，$|a| < 1$ でない状況を仮定して，与式から矛盾を導けばよいのである。

$a > 1$ のときは，上記の内容で矛盾を得る。

$a = -1$ のときは，
$$na^n = \begin{cases} n & (n: \text{偶数}) \\ -n & (n: \text{奇数}) \end{cases}$$
$$a^{n-1} + a^{n-2} + \cdots + a + 1 = \begin{cases} 0 & (n: \text{偶数}) \\ 1 & (n: \text{奇数}) \end{cases}$$
となるので，矛盾である。

$a < -1$ のときは，
$$|na^n| = n \cdot |a|^n$$
$$|a^{n-1} + a^{n-2} + \cdots + a + 1|$$
$$\leq |a|^{n-1} + |a|^{n-2} + \cdots + |a| + 1$$
となるので，冒頭で述べた $a > 1$ の場合の考察によって，矛盾を得る。

以上から，$na^n = a^{n-1} + a^{n-2} + \cdots + a + 1$ が成り立つならば，$|a| < 1$ が成り立つ。

例題4 x, y がそれぞれ 1 から n までの自然数をとり，$x \leq y$ とするとき，$x + y$ の総和を求めよ。

解説 以下のすべての (x, y) について，$x + y$ の総和を求めればよい。

$$(1,1), (1,2), \cdots\cdots\cdots\cdots, (1,n)$$
$$(2,2), \cdots\cdots\cdots\cdots, (2,n)$$
$$(3,3), \cdots\cdots, (3,n)$$
$$\cdots$$
$$(n,n)$$

したがって，x については，1 が n 個，2 が $n-1$ 個，3 が $n-2$ 個，$\cdots$，n が 1 個ある．また，y については，1 が 1 個，2 が 2 個，3 が 3 個，$\cdots$，n が n 個ある．以上から，求める数は

$$\sum_{k=1}^{n} k(n-k+1) + \sum_{k=1}^{n} k^2$$
$$= (n+1)\sum_{k=1}^{n} k - \sum_{k=1}^{n} k^2 + \sum_{k=1}^{n} k^2$$
$$= (n+1)\sum_{k=1}^{n} k = \frac{n(n+1)^2}{2}$$

となる．

例題 5 次の不等式を証明せよ．

$$\sum_{k=1}^{n} \frac{1}{\left(k+\dfrac{1}{2}\right)^2} < 1$$

ヒントとして，各自然数 k に対し

$$\left(k+\frac{1}{2}\right)^2 > k(k+1) \quad \cdots\cdots (*)$$

が成り立つ。

解説 最初に（∗）を証明しよう。（∗）について，

$$左辺 - 右辺 = k^2 + k + \frac{1}{4} - k^2 - k = \frac{1}{4} > 0$$

となるので，（∗）は成り立つ。

したがって，

$$\sum_{k=1}^{n} \frac{1}{\left(k+\frac{1}{2}\right)^2} < \sum_{k=1}^{n} \frac{1}{k(k+1)} = \sum_{k=1}^{n} \left(\frac{1}{k} - \frac{1}{k+1}\right)$$

$$\sum_{k=1}^{n} \left(\frac{1}{k} - \frac{1}{k+1}\right) = \left(\frac{1}{1} - \frac{1}{2}\right) + \left(\frac{1}{2} - \frac{1}{3}\right) + \cdots$$
$$+ \left(\frac{1}{n} - \frac{1}{n+1}\right) = 1 - \frac{1}{n+1}$$

が成り立つので，

$$\sum_{k=1}^{n} \frac{1}{\left(k+\frac{1}{2}\right)^2} < 1 - \frac{1}{n+1} < 1$$

が導かれる。

例題 6 次の計算をせよ。

$$\sum_{k=1}^{n} \frac{1}{3 + 5 + \cdots + (2k+1)}$$

解説 $3 + 5 + \cdots + (2k+1)$ は，初項 3，末項 $2k+1$，項

数 k の等差数列であるから,

$$3 + 5 + \cdots + (2k+1) = \frac{k(3+2k+1)}{2} = k(k+2)$$

となる。そこで，次のように部分分数に分けることで，与式の計算ができる。

$$\sum_{k=1}^{n} \frac{1}{3+5+\cdots+(2k+1)}$$

$$= \sum_{k=1}^{n} \frac{1}{k(k+2)}$$

$$= \frac{1}{2} \sum_{k=1}^{n} \left(\frac{1}{k} - \frac{1}{k+2} \right)$$

$$= \frac{1}{2} \left\{ \left(\frac{1}{1} - \frac{1}{3} \right) + \left(\frac{1}{2} - \frac{1}{4} \right) + \left(\frac{1}{3} - \frac{1}{5} \right) + \cdots \right.$$
$$\left. + \left(\frac{1}{n-1} - \frac{1}{n+1} \right) + \left(\frac{1}{n} - \frac{1}{n+2} \right) \right\}$$

$$= \frac{1}{2} \left\{ \frac{1}{1} + \frac{1}{2} - \frac{1}{n+1} - \frac{1}{n+2} \right\}$$

$$= \frac{3(n+1)(n+2) - 2(n+2) - 2(n+1)}{4(n+1)(n+2)}$$

$$= \frac{3n^2 + 5n}{4(n+1)(n+2)} = \frac{n(3n+5)}{4(n+1)(n+2)}$$

ところで，$\dfrac{多項式}{多項式}$ の形で表せる式を有理式といい，有理式で表せる関数を有理関数という。有理関数の積分を行うときは，有理式を部分分数に分ける計算が必要であり，これに

関してのきちんとした一般論は拙著『新体系・大学数学入門の教科書（上）』（講談社ブルーバックス）に載せてある。

例題 7　次の計算をせよ。
$$1^2 + 3^2 + \cdots + (2n-1)^2$$

解説　与式を $\sum$ を用いて表すことによって，

$$\sum_{k=1}^{n}(2k-1)^2$$
$$= \sum_{k=1}^{n}(4k^2 - 4k + 1)$$
$$= \sum_{k=1}^{n} 4k^2 - \sum_{k=1}^{n} 4k + \sum_{k=1}^{n} 1$$
$$= 4\sum_{k=1}^{n} k^2 - 4\sum_{k=1}^{n} k + \sum_{k=1}^{n} 1$$
$$= \frac{4n(n+1)(2n+1)}{6} - \frac{4n(n+1)}{2} + n$$
$$= \frac{4n(2n^2 + 3n + 1) - 12n^2 - 12n + 6n}{6}$$
$$= \frac{8n^3 - 2n}{6} = \frac{4n^3 - n}{3} = \frac{n(2n-1)(2n+1)}{3}$$

上の計算は若干丁寧に書いたが，$\sum$ を用いた計算をしっかり復習する意味もある。さらに，それぞれの計算で用いた公式を証明できるように確かめることも大切だろう。

例題8 $a \neq 1$ のとき,次の S を計算せよ.

$$S = \sum_{k=1}^{n} ka^k$$

解説 与式を見ると,等比数列の和の公式から,何らかの兆候を感じるかもしれない.そこで大切なことは,和の公式の結果だけでなく,その証明を理解していることである.理解していれば,次のような展開を自然と思いつくだろう.

$T = a + ar + ar^2 + \cdots + ar^{n-1} \quad (r \neq 1)$

から

$Tr = ar + ar^2 + \cdots + ar^{n-1} + ar^n$

の辺々を引くことによって,

$T(1-r) = a - ar^n$

$T = \dfrac{a(1-r^n)}{1-r}$

を得る証明である.

そこで,

$S = a + 2a^2 + 3a^3 + \cdots + na^n$

から

$aS = a^2 + 2a^3 + 3a^4 + \cdots + (n-1)a^n + na^{n+1}$

を引いてみると,以下が分かる.

$S - aS = (a + a^2 + a^3 + \cdots + a^n) - na^{n+1}$

$S(1-a) = \dfrac{a(1-a^n)}{1-a} - na^{n+1}$

$S(1-a) = \dfrac{a - a^{n+1} - na^{n+1} + na^{n+2}}{1-a}$

$$S = \frac{a\{1-(n+1)a^n + na^{n+1}\}}{(1-a)^2}$$

例題 9 p と q は相異なる正の数で，$p+q=1$ とする。数列 $\{a_n\}$ は 3 つの項の間に次の条件を満たすとき，一般項 a_n を求めよ。ただし，$a_1 = 0, a_2 = 1$ とする。

$$pa_{k-1} + qa_{k+1} = a_k$$

ヒントとして $p+q=1$ より，$a_k = pa_k + qa_k$ である。

解説 ヒントを用いると，

$$pa_{k-1} + qa_{k+1} = pa_k + qa_k$$
$$qa_{k+1} - qa_k = pa_k - pa_{k-1}$$
$$q(a_{k+1} - a_k) = p(a_k - a_{k-1})$$

を得る。そこで，$b_k = a_k - a_{k-1}\ (k \geqq 2)$ とおいて，数列 $\{b_k\}$ を考えよう。

$$qb_{k+1} = pb_k$$
$$b_{k+1} = \frac{p}{q}b_k\ (k=2,3,4,\cdots)$$

となるので，数列 $\{b_k\}$ は，初項が $b_2 = a_2 - a_1 = 1$，公比が $\dfrac{p}{q}$ の等比数列である。いま，

$$a_n = (a_2 - a_1) + (a_3 - a_2) + (a_4 - a_3) + \cdots + (a_n - a_{n-1})$$

であるから，

$$a_n = b_2 + b_3 + b_4 + \cdots + b_n$$

$$= \frac{1-\left(\dfrac{p}{q}\right)^{n-1}}{1-\dfrac{p}{q}} = \frac{q}{q-p}\left\{1-\left(\dfrac{p}{q}\right)^{n-1}\right\}$$

を得る。

　ところで，筆者も『新体系・高校数学の教科書（上)』に漸化式のことを書いたが，本問題のように漸化式から一般項を求めるいくつかのパターンの紹介である。高校数学でなく一般的な研究の世界になると，漸化式は行列を用いて考えることが多くなる。

第 6 章

三角関数と複素数平面

まとめと発見的問題解決法

● 三角比

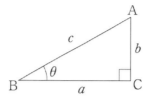

図のような直角三角形 ABC に次の 3 つの**三角比**を定義する。

$$\sin\theta = \frac{b}{c}, \quad \cos\theta = \frac{a}{c}, \quad \tan\theta = \frac{b}{a}$$

これらは順に**正弦**（サイン），**余弦**（コサイン），**正接**（タンジェント）という。なお，直角三角形 ABC と相似な直角三角形に関しては，それらの値は一意的に定まる。

[公式 1]

$0° < \theta < 90°$ となる θ に対し，以下が成り立つ。

(i) $\tan\theta = \dfrac{\sin\theta}{\cos\theta}$

(ii) $\sin^2\theta + \cos^2\theta = 1$

(iii) $1 + \tan^2\theta = \dfrac{1}{\cos^2\theta}$

(iv) $\sin(90° - \theta) = \cos\theta$

(v) $\cos(90° - \theta) = \sin\theta$

(vi) $\tan(90° - \theta) = \dfrac{1}{\tan\theta}$

次に,角度 θ を「鋭角($0° < \theta < 90°$)」から「$0° \leqq \theta \leqq 180°$」に三角比を拡張する。

xy 座標平面上で原点を中心とした半径 1 の円(単位円)を描き,原点 $(0, 0)$ を O,点 $(1, 0)$ を A とする。鋭角 θ に対して,O を中心として線分 OA を時計の針が回るのと反対の向きに角度 θ だけ回転させ,それによって線分 OA が線分 OP に移ったとする。

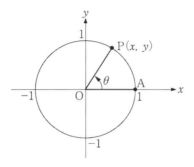

点 P の座標を (x, y) とすると,半径が 1 であるから,

$$\cos\theta = x, \quad \sin\theta = y, \quad \tan\theta = \dfrac{y}{x} \quad \cdots\cdots (*)$$

が成り立つ。そこで,三角比の角度 θ を鋭角から $0° \leqq \theta \leqq 180°$ に拡張するとき,

$\angle\text{POA} = \theta$

となる点 P(x, y) に対し，$(*)$ によって $\cos\theta$, $\sin\theta$, $\tan\theta$ をそれぞれ定めるのである。ただし，$\theta = 90°$ のとき $x = 0$ となるので，このとき $\tan\theta$ は定めないものとする。

[公式 2]

$0° \leqq \theta \leqq 180°$ となる θ に対し，先に示した公式の他に以下が成り立つ。ただし，それぞれの式に関して，その両辺が定義される場合である。

(vii) $\sin(180° - \theta) = \sin\theta$

(viii) $\cos(180° - \theta) = -\cos\theta$

(ix) $\tan(180° - \theta) = -\tan\theta$

[定理 1]

正弦定理

△ABC の外接円の半径を R とし，頂点 A, B, C の対辺の長さをそれぞれ a, b, c とし，$\angle A$, $\angle B$, $\angle C$ の大きさをそれぞれ A, B, C で表せば，

$$\frac{a}{\sin A} = \frac{b}{\sin B} = \frac{c}{\sin C} = 2R$$

が成り立つ。

[定理 2]

余弦定理

第6章 三角関数と複素数平面

△ABC において，頂点 A, B, C の対辺の長さをそれぞれ a, b, c とし，$\angle A, \angle B, \angle C$ の大きさをそれぞれ A, B, C で表せば，

$$a^2 = b^2 + c^2 - 2bc \cos A$$
$$b^2 = c^2 + a^2 - 2ca \cos B$$
$$c^2 = a^2 + b^2 - 2ab \cos C$$

が成り立つ。

[公式 3]

[定理 2] と同じ記法を仮定する。

△ABC の**面積**を S とすると，

$$S = \frac{1}{2}bc \sin A = \frac{1}{2}ca \sin B = \frac{1}{2}ab \sin C$$

[公式 4]

[定理 2] と同じ記法を仮定する。

ヘロンの公式

△ABC の**面積**を S とすると，

$$S = \sqrt{s(s-a)(s-b)(s-c)}$$

ただし，

$$s = \frac{a+b+c}{2}$$

● 三角関数

半直線 OP を O を中心として回転させるとき，始めの位置を示す半直線 OX を**始線**といい，回転する半直線 OP を**動径**という。また，∠POX を**回転の角**という。

いままでに，0° 以上 180° 以下の角度に関する三角比を扱ってきたが，時計の針が回るのと反対の向きを正の向き，同じ向きを負の向きとして回転を表せば，上記の範囲外の角度も考えることができる。それらを含む角を**一般角**という。

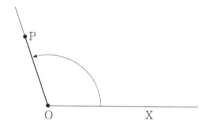

0° 以上 180° 以下の角 θ に対して定めた三角比を，そのまま一般角に拡張して考える場合，これを**三角関数**という。すなわち，三角関数においては，xy 座標平面上で原点 O を中心とした半径 1 の円（単位円）を考え，A を点 $(1, 0)$ として，OA の回転の角 θ に対応する円周上の点 $P(x, y)$ をとり，θ の**余弦**，**正弦**，**正接**を順に

$$\cos\theta = x, \quad \sin\theta = y, \quad \tan\theta = \frac{y}{x}$$

と定める。ただし，$\tan\theta$ は $x = 0$ となるところでは定義しない。

角を表す単位には，小学生のころから慣れ親しんできた，直角が $90°$（90度）で，$1°$ の 60 分の 1 を $1'$（1 分）とする六十分法の他に，**弧度法**がある。

弧度法は，半径 1 の円で，半径と同じ 1 の長さをもつ弧に対する中心角を **1 ラジアン**と定める。

$$\pi \text{ ラジアン} = 180°, \quad r\pi \text{ ラジアン} = r \times 180°$$

である（r は任意の実数）。

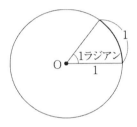

[公式 5]

半径 r，中心角 θ（ラジアン）の扇形の弧の長さ l，面積 S は，

$$l = r\theta, \quad S = \frac{1}{2}r^2\theta$$

で与えられる。

次の公式は，三角関数の定義からただちに導かれる。

[公式6]

(i) $\tan\theta = \dfrac{\sin\theta}{\cos\theta}$

(ii) $\sin^2\theta + \cos^2\theta = 1$

(iii) $1 + \tan^2\theta = \dfrac{1}{\cos^2\theta}$

次ページの,三角関数のグラフは基礎として重要である。

第6章 三角関数と複素数平面

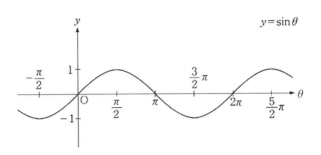

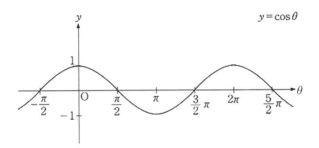

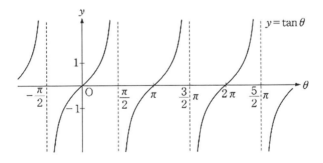

前ページのグラフから，次の公式 7 を得る。ただし，n は整数。

[公式 7]

(i) $\sin(\theta + 2n\pi) = \sin\theta$
$\cos(\theta + 2n\pi) = \cos\theta$
$\tan(\theta + n\pi) = \tan\theta$

(ii) $\sin(-\theta) = -\sin\theta$
$\cos(-\theta) = \cos\theta$
$\tan(-\theta) = -\tan\theta$

(iii) $\sin(\theta + \pi) = -\sin\theta$
$\cos(\theta + \pi) = -\cos\theta$

(iv) $\sin\left(\theta + \dfrac{\pi}{2}\right) = \cos\theta$
$\cos\left(\theta + \dfrac{\pi}{2}\right) = -\sin\theta$
$\tan\left(\theta + \dfrac{\pi}{2}\right) = -\dfrac{1}{\tan\theta}$

一般に，関数 $f(x)$ に対して 0 でない定数 t があって，

$f(x + t) = f(x)$

がその定義域に属するすべての x について成り立つとき，関数 $f(x)$ を**周期関数**といい，t をその**周期**という。また，周期という言葉は，そのようなものの中で正の最小のものを意味

することが普通である。

たとえば、$y = \sin\theta$ と $y = \cos\theta$ は 2π を周期とする周期関数であり、$y = \tan\theta$ は π を周期とする周期関数である。

一般に、関数 $f(x)$ について、

$$f(-x) = -f(x)$$

がその定義域に属するすべての x について成り立つとき、関数 $f(x)$ を**奇関数**といい、

$$f(-x) = f(x)$$

がその定義域に属するすべての x について成り立つとき、関数 $f(x)$ を**偶関数**という。

$y = \sin\theta$ と $y = \tan\theta$ は奇関数であり、$y = \cos\theta$ は偶関数である。

[定理 3]

加法定理

$$\sin(\alpha + \beta) = \sin\alpha\cos\beta + \cos\alpha\sin\beta$$

$$\cos(\alpha + \beta) = \cos\alpha\cos\beta - \sin\alpha\sin\beta$$

$$\tan(\alpha + \beta) = \frac{\tan\alpha + \tan\beta}{1 - \tan\alpha\tan\beta}$$

[公式 8]
2 倍角の公式

(i) $\sin 2\alpha = 2\sin\alpha\cos\alpha$

(ii) $\cos 2\alpha = \cos^2\alpha - \sin^2\alpha$
$= 1 - 2\sin^2\alpha = 2\cos^2\alpha - 1$

(iii) $\tan 2\alpha = \dfrac{2\tan\alpha}{1-\tan^2\alpha}$

[公式 9]
半角の公式

(i) $\sin^2\alpha = \dfrac{1-\cos 2\alpha}{2}$

(ii) $\cos^2\alpha = \dfrac{1+\cos 2\alpha}{2}$

(iii) $\tan^2\alpha = \dfrac{1-\cos 2\alpha}{1+\cos 2\alpha}$

[公式10]

三角関数の合成公式

$a \neq 0$, $b \neq 0$ のとき,
$$a\sin\theta + b\cos\theta = \sqrt{a^2+b^2}\sin(\theta+\alpha)$$

ただし,
$$\cos\alpha = \frac{a}{\sqrt{a^2+b^2}}, \quad \sin\alpha = \frac{b}{\sqrt{a^2+b^2}}$$

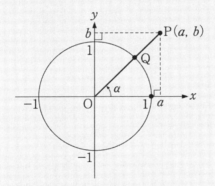

[公式11]

和積の公式

(i) $\quad \sin A + \sin B = 2\sin\dfrac{A+B}{2}\cos\dfrac{A-B}{2}$

(ii) $\quad \sin A - \sin B = 2\cos\dfrac{A+B}{2}\sin\dfrac{A-B}{2}$

(iii) $\cos A + \cos B = 2\cos\dfrac{A+B}{2}\cos\dfrac{A-B}{2}$

(iv) $\cos A - \cos B = -2\sin\dfrac{A+B}{2}\sin\dfrac{A-B}{2}$

● 複素数平面

複素数 $a+bi$ は 2 つの実数の組 (a,b) で定まるので，それを xy 座標平面上の点 (a,b) と対応させる。

その対応によって，複素数全体の集合から xy 座標平面上の点の集合へ，上への 1 対 1 の写像が定められる。その写像によって，xy 座標平面上の各点はそれに対応する複素数を一意的に表すことになり，それらを同一視することができる。そこで，その xy 座標平面を**複素数平面**あるいは**ガウス平面**と呼ぶ。

複素数平面では，x 軸上には**実数**が並び，y 軸上には**純虚数**が並ぶ。x 軸を**実軸**といい，y 軸を**虚軸**という。$\overline{\alpha}$ が α と共役な複素数を表すならば，α と $\overline{\alpha}$ は実軸に対して線対称であり，複素数 $-\alpha$ は原点に関して α と点対称である。

第 6 章　三角関数と複素数平面

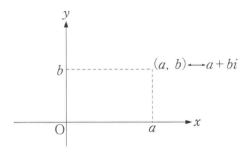

任意の複素数 z に複素数

$$\alpha = a + bi \quad (a, b: 実数)$$

を加えると，z（を示す点）は実軸方向に a，虚軸方向に b だけ平行移動した点に移る。

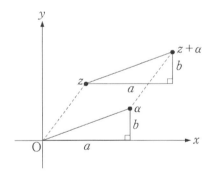

任意の複素数

$$z = a + bi \quad (a, b: 実数)$$

に正の実数 k を掛けると，

$$kz = ka + kbi$$

となるので，z の x 座標も y 座標も k 倍することになる。

z に $-k$ を掛けることは，まず点 kz をとって，それと原点に関して対称な点を求めることである。

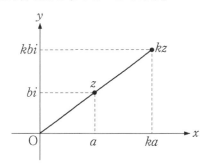

複素数平面上に 0 と異なる数

$\alpha = a + bi$　（a, b：実数）

をとったとき，O から α までの距離を r，O と α を結ぶ線分と x 軸の正方向とのなす角（時計の回転と反対の向き）を θ とする。

このとき，r を α の **絶対値** といって $|\alpha|$ で表し，θ を α の**偏角**といって $\arg \alpha$（arg：argument の略，アーギュメントと読む）で表す。また，数 0 に対しても，その絶対値は 0，その偏角は任意の数として扱うことにする。

第6章 三角関数と複素数平面

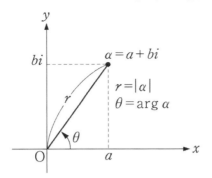

一般に,複素数平面上の数

$\alpha = a + bi$ (a, b:実数)

に対し,$|\alpha|$, $\arg \alpha$ をそれぞれ r, θ で表すと,

$r = \sqrt{a^2 + b^2}, \quad a = r\cos\theta, \quad b = r\sin\theta$

となる。そして,

$$\boldsymbol{\alpha = r(\cos\theta + i\sin\theta)} \quad \cdots\cdots \text{(I)}$$

と表されるが,この表示を複素数 α の**極形式**という。ここで,

$\alpha\overline{\alpha} = r^2 = a^2 + b^2$

が成り立つ。

さらに,極形式で表した2つの複素数

$\alpha = r_1(\cos\theta_1 + i\sin\theta_1), \quad \beta = r_2(\cos\theta_2 + i\sin\theta_2)$

に対して,次の(II)が成り立つ。

$$\alpha\beta = r_1 r_2 \{\cos(\theta_1 + \theta_2) + i\sin(\theta_1 + \theta_2)\}$$
$$\cdots\cdots (\text{II})$$

また，極形式で表した 0 でない 2 つの複素数

$$\alpha = r(\cos\theta + i\sin\theta), \quad \beta = \frac{1}{r}\{\cos(-\theta) + i\sin(-\theta)\}$$

の積を考えると，（II）から

$$\alpha\beta = 1(\cos 0 + i\sin 0) = 1$$

となるので，次の（III）が成り立つ。

$$\frac{1}{\alpha} = \frac{1}{r}\{\cos(-\theta) + i\sin(-\theta)\} \quad \cdots\cdots (\text{III})$$

そして，極形式で表した複素数

$$z = r(\cos\theta + i\sin\theta)$$

と，自然数 n に対し，以下の（IV），（V）が成り立つ。

$$z^n = r^n(\cos n\theta + i\sin n\theta) \quad \cdots\cdots (\text{IV})$$

とくに $r = 1$ のとき（次式），**ド・モアブルの定理**という。

$$(\cos\theta + i\sin\theta)^n = \cos n\theta + i\sin n\theta$$
$$\cdots\cdots (\text{V})$$

第6章 三角関数と複素数平面

=== 1節 三角比 ===

直角三角形を用いて定義する三角比は鋭角に対するものである。それを $0°$ 以上 $180°$ 以下まで拡張すると，中学数学までに学んだ三角形や円の性質を，正弦定理，余弦定理，三角形の面積公式などを通して，一般化して捉えることができる。本節では，それらに関する演習問題を学ぶ。

例題 1 三角形 ABC において，A，B，C の対辺をそれぞれ a, b, c とする。
$$b = \sqrt{2}, \quad c = \sqrt{3}+1, \quad \angle A = 45°$$
のとき，$\angle B$ は何度か。

解説 最初に注意したいことがある。およそ図形の問題では，角度が $30°$，$45°$，$60°$，$90°$ などが多く現れるが，そのような特殊な角度の場合にはぴったり正確に長さや面積は求まる。それ以外の場合にも近似値ではあるものの，同じ考え方で長さや面積は求まるのである。その辺りを勘違いして図形の問題を学ぶことは，もったいないことである。

本問題に関しては，最初の仮定に注目すると，余弦定理が適用されることに気づくだろう。
$$a^2 = b^2 + c^2 - 2bc\cos 45°$$
$$= 2 + 3 + 2\sqrt{3} + 1 - 2 \cdot \sqrt{2}(\sqrt{3}+1)\left(\frac{\sqrt{2}}{2}\right)$$

$$= 6 + 2\sqrt{3} - 2(\sqrt{3}+1) = 4$$
$$a = 2 \quad (a > 0)$$

そこで正弦定理によって，

$$\frac{2}{\sin 45°} = \frac{\sqrt{2}}{\sin B}$$

$$\sin B = \frac{1}{2}$$

$$\angle B = 30°$$

を得る。なお，$\angle A = 45°$ なので，$\angle B = 150°$ ということはあり得ない。

例題2 三角形 ABC において，A，B，C の対辺をそれぞれ a, b, c とする。

$$a = 7, \quad b = 5, \quad c = 3$$

のとき，$\angle A$ を求めよ。また，三角形 ABC の面積も求めよ。

解説 3つの辺の長さが与えられているので，もちろんヘロンの公式を使えば三角形 ABC の面積は求められる。本問題では，まず $\angle A$ を求めることになる。仮定より，余弦定理を用いると以下が分かる。

$$a^2 = b^2 + c^2 - 2bc\cos A$$
$$49 = 25 + 9 - 2 \cdot 5 \cdot 3 \cos A$$
$$\cos A = -\frac{15}{30} = -\frac{1}{2}$$
$$\angle A = 120° \quad (0° < \angle A < 180°)$$

を得る。

そこで三角形の面積公式によって,

$$三角形 ABC の面積 = \frac{1}{2}bc\sin 120°$$
$$= \frac{1}{2} \cdot 5 \cdot 3 \cdot \frac{\sqrt{3}}{2} = \frac{15\sqrt{3}}{4}$$

を得る。

例題3 四角形 ABCD は外接円をもち,

$$AB = 3, \quad BC = 3, \quad CD = 5, \quad DA = 8$$

が成り立っているとする。このとき, 三角形 ABD の外接円および三角形 BCD の外接円は四角形 ABCD の外接円と一致することを示し, 線分 BD の長さおよびそれら外接円の半径 r を求めよ。また, 四角形 ABCD の面積も求めよ。

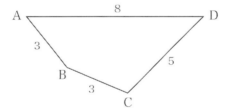

解説 中学数学で習った外心という言葉もあることから, 三角形の外接円の存在性は認める。また, たとえば三角形 ABD の外接円を考えると, 線分 AB の垂直二等分線と線分 AD の垂直二等分線の交点が外心である。その外心は唯一通りである。それゆえ, 三角形 ABD の外接円が四角形 ABCD の外

接円であり，三角形 BCD の外接円でもある。そこで r については，三角形 ABD の外接円の半径を求めればよい。

三角形 ABD と三角形 BCD に余弦定理を適用すると，次の 2 つの式を得る。

$$\overline{BD}^2 = \overline{AB}^2 + \overline{AD}^2 - 2\overline{AB} \cdot \overline{AD} \cos A$$
$$\overline{BD}^2 = \overline{CB}^2 + \overline{CD}^2 - 2\overline{CB} \cdot \overline{CD} \cos C$$

よって，円に内接する四角形の性質から $\angle A + \angle C = 180°$ であるから，

$$3^2 + 8^2 - 2 \cdot 3 \cdot 8 \cos A$$
$$= 3^2 + 5^2 - 2 \cdot 3 \cdot 5 \cos(180° - A)$$
$$9 + 64 - 48 \cos A = 9 + 25 + 30 \cos A$$
$$78 \cos A = 39$$
$$\cos A = \frac{1}{2}, \quad \angle A = 60°$$

を得る。したがって，

$$\overline{BD}^2 = 3^2 + 8^2 - 2 \cdot 3 \cdot 8 \cos 60° = 49$$
$$\overline{BD} = 7$$

が導かれる。そこで，正弦定理を三角形 ABD に適用して，

$$\frac{\overline{BD}}{\sin A} = 2r$$
$$r = \frac{7}{\sqrt{3}} = \frac{7\sqrt{3}}{3}$$

を得る。

最後に，四角形 ABCD の面積は三角形 ABD と三角形 BCD の面積の和であるから，三角形の面積公式によって，

第6章　三角関数と複素数平面

四角形 ABCD の面積

$$= \frac{1}{2} \cdot 3 \cdot 8 \sin 60° + \frac{1}{2} \cdot 3 \cdot 5 \sin 120°$$
$$= \frac{39\sqrt{3}}{4}$$

が分かる。

例題 4　$\angle \text{AOB} = 60°$ となる半直線 OA と OB がある。いま,

$$\overline{\text{OA}} = x, \quad \overline{\text{OB}} = y, \quad \overline{\text{AB}} = z$$

とするとき,

$$\frac{y}{x+z} + \frac{x}{y+z}$$

の値を求めよ。

解説　最初に, 例題 4 とは無関係な次の問題を考えていただきたい。

問題　x, y, z は $xyz = 1$ を満たすとする。

$$x + \frac{1}{x} = a, \quad y + \frac{1}{y} = b, \quad z + \frac{1}{z} = c$$

とおくとき,

$$a^2 + b^2 + c^2 - abc$$

の値を求めよ。

この問題は, 答えが 1 つだけのマークシート式問題の場合は, $xyz = 1$ を満たしている $x = y = z = 1$ の場合を考え

ると,
$$a = b = c = 2$$
となって,
$$a^2 + b^2 + c^2 - abc = 4$$
を得る。

このような解答方法はマークシート試験ならば満点, 記述試験ならば 0 点であることは言うまでもない。$xyz = 1$ を満たすすべての場合に, 答えが 4 になることを述べていないからである。

話を戻して, 例題 4 の問題も上の問題と似ている面があるだろう。ちなみに, 問題文の半直線とは, 直線の一部分で, 一方だけに端があり, 他の一方にかぎりなくのびているものを指す。

そこで, 三角形 AOB が 1 辺の長さが 1 の正三角形の場合を考えると, 答えは
$$\frac{1}{2} + \frac{1}{2} = 1$$
となる。また三角形 AOB が, $\overline{OA} = 1, \overline{OB} = 2, \overline{AB} = \sqrt{3}$ となる直角三角形の場合を考えると, 答えは
$$\frac{2}{1 + \sqrt{3}} + \frac{1}{2 + \sqrt{3}} = \frac{4 + 2\sqrt{3} + 1 + \sqrt{3}}{(1 + \sqrt{3})(2 + \sqrt{3})}$$
$$= \frac{5 + 3\sqrt{3}}{5 + 3\sqrt{3}} = 1$$
となる。

この段階で本問題の答えは, ひょっとして 1 ではないか, と予想できるだろう。そして,

$$\frac{y}{x+z} + \frac{x}{y+z} = \frac{y(y+z) + x(x+z)}{(x+z)(y+z)}$$
$$= \frac{x^2 + y^2 + xz + yz}{xy + xz + yz + z^2} \quad \cdots\cdots (*)$$

であるので，仮定から余弦定理の適用を考えてみる．
$$z^2 = x^2 + y^2 - 2xy\cos 60°$$
$$x^2 + y^2 = z^2 + xy$$

が分かるので，（∗）の右辺は1であることが導かれる．

例題5
三角形 ABC において，A，B，C の対辺をそれぞれ a, b, c とする．

$$\sin A : \sin B = \sqrt{6} : 2, \quad 2c^2 - b^2 = 2bc$$

が成り立つとき，$\angle A, \angle B, \angle C$ を求めよ．

解説 最初に，余弦定理
$$a^2 = b^2 + c^2 - 2bc\cos\angle A$$
を適用できる状況に注目しよう．a, b, c のうちの2つと $\angle A$ が具体的に分かれば，他の辺の長さは求められる．一方，a, b, c のすべてが具体的に分かれば $\angle A$ は求められ，それらの比

$$a : b : c$$

が具体的に分かっても $\angle A$ は求められるのである（$\angle B, \angle C$ についても同様）．

さて，最初の仮定から $\sin A : \sin B$ が与えられているので，正弦定理より

$$a : b = \sqrt{6} : 2$$

が分かる．そこで，$a : c$ または $b : c$ が分かれば $a : b : c$

が分かるので,上で述べたことから余弦定理を適用して,$\angle A, \angle B, \angle C$ は求められることになる。

そこで,2つ目の仮定
$$2c^2 - b^2 = 2bc$$
に注目すると,次のようにして $b:c$ の比の値が求められる。両辺を c^2 で割ると,

$$2 - \left(\frac{b}{c}\right)^2 = 2\left(\frac{b}{c}\right)$$

$$\left(\frac{b}{c}\right)^2 + 2\left(\frac{b}{c}\right) - 2 = 0$$

$$\frac{b}{c} = -1 \pm \sqrt{3}$$

ここで,b と c は正であるから,
$$b : c = (-1 + \sqrt{3}) : 1 = 2 : (\sqrt{3} + 1)$$
を得る。よって,
$$a : b : c = \sqrt{6} : 2 : (\sqrt{3} + 1)$$
が成り立つ。なお,$\sqrt{6} < \sqrt{3} + 1$ なので,$\angle A < \angle C$ であることに留意する。

以下,余弦定理を適用すればよい。

$$\cos \angle A = \frac{b^2 + c^2 - a^2}{2bc} = \frac{2^2 + (\sqrt{3}+1)^2 - (\sqrt{6})^2}{2 \cdot 2 \cdot (\sqrt{3}+1)}$$

$$= \frac{4 + 4 + 2\sqrt{3} - 6}{4\sqrt{3} + 4} = \frac{2\sqrt{3} + 2}{4\sqrt{3} + 4} = \frac{1}{2}$$

$$\angle A = 60°$$

同様にして,

$$\cos\angle B = \frac{a^2+c^2-b^2}{2ac} = \frac{(\sqrt{6})^2+(\sqrt{3}+1)^2-2^2}{2\cdot\sqrt{6}\cdot(\sqrt{3}+1)}$$
$$= \frac{6+4+2\sqrt{3}-4}{6\sqrt{2}+2\sqrt{6}} = \frac{6+2\sqrt{3}}{\sqrt{2}(6+2\sqrt{3})} = \frac{1}{\sqrt{2}}$$

$\angle B = 45°$

が分かる。最後に，三角形の内角の和は $180°$ であるから，

$\angle C = 180° - 60° - 45° = 75°$

も分かる。

■■■ 2節　三角関数 ■■■

角度の単位をラジアンにして，三角比を一般角の三角関数に拡張して学ぶと，将来，周期関数を捉えるフーリエ級数などを学ぶための基礎となる。本節では，加法定理，半角の公式，三角関数の合成公式などを用いた演習問題を学ぶが，「それらの公式はすべて覚える必要があるか」という質問がよくある。筆者の個人的な考えを述べておくと，覚えておいたほうがよいが，忘れることもあるだろう。むしろ大切なことは，それらを導く証明をきちんと理解しておくことである。

例題1　$0 \leq \theta \leq \dfrac{\pi}{2}$ のとき，関数

$$y = 7 - 4\sin^2\left(\theta + \dfrac{\pi}{6}\right) - 4\cos\left(\theta + \dfrac{\pi}{6}\right)$$

の最大値，最小値を求めよ。

解説　与式を見ると，θ と $\theta + \dfrac{\pi}{6}$ にズレがあることを留意して，2乗の項があることから2次関数の最大・最小問題に帰着できないか，という兆候を感じたいものである。もちろん，それが問題解決に至らない場合もあるだろう。しかし，とりあえずチャレンジする第一歩にしたい。

仮定より，

$$\dfrac{\pi}{6} \leq \theta + \dfrac{\pi}{6} \leq \dfrac{2\pi}{3} \quad \cdots\cdots (*)$$

であるので，定義域が $\frac{\pi}{6}$ 以上 $\frac{2\pi}{3}$ 以下の三角関数の問題である。もちろん，与式右辺の 7 は本質的なものではない。また，

$$\sin^2\left(\theta+\frac{\pi}{6}\right) = 1 - \cos^2\left(\theta+\frac{\pi}{6}\right)$$

なので，与式は

$$y = 7 - 4 + 4\cos^2\left(\theta+\frac{\pi}{6}\right) - 4\cos\left(\theta+\frac{\pi}{6}\right)$$
$$= 4\cos^2\left(\theta+\frac{\pi}{6}\right) - 4\cos\left(\theta+\frac{\pi}{6}\right) + 3$$

となる。

（∗）のとき，

$$-\frac{1}{2} \leqq \cos\left(\theta+\frac{\pi}{6}\right) \leqq \frac{\sqrt{3}}{2}$$

なので，$X = \cos\left(\theta+\frac{\pi}{6}\right)$ とおくことによって，本問題は $X\left(-\frac{1}{2} \leqq X \leqq \frac{\sqrt{3}}{2}\right)$ を変数とする 2 次関数

$$y = 4X^2 - 4X + 3$$

の最大・最小問題となる。

$$y = 4\left\{\left(X-\frac{1}{2}\right)^2 - \frac{1}{4}\right\} + 3 = 4\left(X-\frac{1}{2}\right)^2 + 2$$

と書き直すことによって，以下の結論を得る。

$X = -\frac{1}{2}$ すなわち $\theta = \frac{\pi}{2}$ のとき，y の最大値は 6

$X = \dfrac{1}{2}$ すなわち $\theta = \dfrac{\pi}{6}$ のとき，y の最小値は 2

例題2 θ が第 3 象限の角で，
$$3 \tan \theta \sin \theta - \frac{1}{\cos \theta} + 5 = 0$$
を満たすとき，$\tan \theta$ の値を求めよ。

解説 与方程式を変形すると，
$$\frac{3 \sin^2 \theta}{\cos \theta} - \frac{1}{\cos \theta} + 5 = 0$$
$$3 \sin^2 \theta - 1 + 5 \cos \theta = 0$$
$$3(1 - \cos^2 \theta) - 1 + 5 \cos \theta = 0$$
$$3 \cos^2 \theta - 5 \cos \theta - 2 = 0$$
$$(3 \cos \theta + 1)(\cos \theta - 2) = 0$$
$$\cos \theta = -\frac{1}{3}$$
を得る。ここで θ は第 3 象限の角なので，
$$\tan \theta = \sqrt{9-1} = 2\sqrt{2}$$
となる。

例題3 加法定理を用いて，以下の公式 (1)，(2)，(3) を証明せよ。ちなみに，それらは「積和の公式」ともいう。

(1) $\sin \alpha \cos \beta = \dfrac{1}{2} \{\sin(\alpha + \beta) + \sin(\alpha - \beta)\}$

(2) $\cos \alpha \cos \beta = \dfrac{1}{2} \{\cos(\alpha + \beta) + \cos(\alpha - \beta)\}$

第6章 三角関数と複素数平面

(3)　$\sin\alpha\sin\beta = -\dfrac{1}{2}\{\cos(\alpha+\beta) - \cos(\alpha-\beta)\}$

解説　三角関数の加法定理の証明は，図形を用いるものや行列を用いるものなどいくつかある。それを一旦証明すると，「$\sin\alpha+\cos\beta$」などの「三角関数の合成公式」や，「$\sin\alpha+\sin\beta$」などのいわゆる「和積の公式」が導かれる。加法定理を用いたそれらの公式の証明を一通り読んで理解しておくと，本問題は「それらの証明を参考にすればよいのではないか」という兆候を察知することになるだろう。そのような視点を以下の説明で，参考にしていただきたい。

(1)　加法定理の公式より，

$\sin(\alpha+\beta) = \sin\alpha\cos\beta + \cos\alpha\sin\beta$

$\sin(\alpha-\beta) = \sin\alpha\cos\beta - \cos\alpha\sin\beta$

である。これらの辺々を足すと，

$\sin(\alpha+\beta) + \sin(\alpha-\beta) = 2\sin\alpha\cos\beta$

となるから，**(1)** の結論を得る。

(2)　加法定理の公式より，

$\cos(\alpha+\beta) = \cos\alpha\cos\beta - \sin\alpha\sin\beta$

$\cos(\alpha-\beta) = \cos\alpha\cos\beta + \sin\alpha\sin\beta$

である。これらの辺々を足すと，

$\cos(\alpha+\beta) + \cos(\alpha-\beta) = 2\cos\alpha\cos\beta$

となるから，**(2)** の結論を得る。

(3)　(2)の結論を用いた証明を考えてみると，

$$\sin\alpha\sin\beta = \cos\left(\alpha + \frac{\pi}{2}\right)\cos\left(\beta + \frac{\pi}{2}\right)$$
$$= \frac{1}{2}\{\cos(\alpha+\beta+\pi) + \cos(\alpha-\beta)\}$$
$$= \frac{1}{2}\{-\cos(\alpha+\beta) + \cos(\alpha-\beta)\}$$

となるから，(3)の結論を得る。

例題 4 $\tan\dfrac{\theta}{2} = t$ とおくと，次式が成り立つことを証明せよ。

$$\cos\theta = \frac{1-t^2}{1+t^2}$$

解説 例題3は三角関数に関する公式の証明を理解しておくと，それが問題を解くための兆候になる例であった。本問題は，三角関数に関する公式をいろいろ覚えておくと，それが問題を解くための兆候になる例であるといえよう（以下の例題も同様）。

半角の公式より，

$$\cos\theta = 2\cos^2\frac{\theta}{2} - 1$$

である。また，よく知られている式変形から，

$$1 + \tan^2\frac{\theta}{2} = \frac{\cos^2\dfrac{\theta}{2} + \sin^2\dfrac{\theta}{2}}{\cos^2\dfrac{\theta}{2}} = \frac{1}{\cos^2\dfrac{\theta}{2}}$$

が成り立つ。したがって，

$$\cos\theta = \frac{2}{1+\tan^2\frac{\theta}{2}} - 1$$
$$= \frac{2}{1+t^2} - 1 = \frac{1-t^2}{1+t^2}$$

が導かれる。

例題 5 次の方程式を解け。ただし，$0 \leqq x < \dfrac{\pi}{2}$ とする。

$$\cos^2 x + \cos^2 2x + \cos^2 3x = \frac{3}{2}$$

解説 兆候から見通すことを考えると，1 ステップだけでなく，さらにその先の 2 ステップも見通すと，問題を解く視界はより広がるだろう。本問題では，最初は半角の公式，その先はいわゆる「和積の公式」を想像したいのである。

まず半角の公式より，

$$\cos^2 x = \frac{1+\cos 2x}{2}$$
$$\cos^2 2x = \frac{1+\cos 4x}{2}$$
$$\cos^2 3x = \frac{1+\cos 6x}{2}$$

である。そこで，

$$\cos^2 x + \cos^2 2x + \cos^2 3x$$
$$= \cos^2 x + \cos^2 3x + \cos^2 2x$$
$$= \frac{(\cos 2x + \cos 6x) + \cos 4x + 3}{2}$$

が成り立つ。したがって本問題は，方程式
$$(\cos 2x + \cos 6x) + \cos 4x = 0$$
すなわち，
$$2\cos 4x \cos 2x + \cos 4x = 0$$
を解く問題になる。よって，
$$\cos 4x (2\cos 2x + 1) = 0$$
$$\cos 4x = 0 \quad \text{または} \quad \cos 2x = -\frac{1}{2}$$
を得る。そして，仮定より
$$0 \leqq 4x < 2\pi, \quad 0 \leqq 2x < \pi$$
であるから，解として
$$4x = \frac{\pi}{2}, \quad \frac{3\pi}{2}, \quad 2x = \frac{2\pi}{3}$$
すなわち，
$$x = \frac{\pi}{8}, \quad \frac{3\pi}{8}, \quad \frac{\pi}{3}$$
が導かれる。

例題6 α, β は鋭角で，$\sin(\alpha + \beta) = 2\sin\alpha$ が成り立つとする。このとき，

$$\alpha < \beta$$

となることを証明せよ。

解説 α, β が鋭角ならば，
$$\alpha < \beta \iff \sin\alpha < \sin\beta$$
であるので，本問題を証明するためには，$\sin\alpha < \sin\beta$ が成

り立つことを示せばよい。また，仮定の式より以下が分かる。

$$\sin\alpha\cos\beta + \cos\alpha\sin\beta = 2\sin\alpha$$

$$\cos\beta + \cos\alpha\frac{\sin\beta}{\sin\alpha} = 2 \quad \cdots\cdots(*)$$

ここで α, β が鋭角ならば，

$$0 < \cos\beta < 1, \quad 0 < \cos\alpha < 1$$

であるから，

$$\frac{\sin\beta}{\sin\alpha} > 1$$

が成り立たなくては，$(*)$ の等号は成立しない。それゆえ，結論が成り立つのである。

例題7 2つの条件

$$0 < 2\alpha < \frac{\pi}{2}, \quad \tan 2\alpha \leqq \frac{3}{4}$$

が成り立つとき，$\tan\alpha \leqq \dfrac{1}{3}$ となることを証明せよ。

解説 まず $0 < \alpha < \dfrac{\pi}{4}$ であるから，

$$0 < \tan\alpha < 1, \quad 0 < \tan 2\alpha$$

である。

そして2倍角の公式より，

$$\tan 2\alpha = \frac{2\tan\alpha}{1 - \tan^2\alpha}$$

が成り立つので，本問題は $x = \tan\alpha$ とおいて考えることによって，次の成立を証明すればよいことになる。

$$0 < x < 1 \quad \text{かつ} \quad 0 < \frac{2x}{1-x^2} \leqq \frac{3}{4} \quad \text{ならば} \quad x \leqq \frac{1}{3}$$

上の文の前提条件から，以下を得る。

$8x \leqq 3(1-x^2)$

$3x^2 + 8x - 3 \leqq 0$

$(3x-1)(x+3) \leqq 0$

$-3 \leqq x \leqq \frac{1}{3}$

例題 8 次の不等式を解け。
$$2\sin\theta > \cos\left(\theta - \frac{\pi}{6}\right)$$

解説 まず本問題は，一般角の問題ではあるが，両辺それぞれの関数の周期は 2π である。そこで，0 以上 2π 未満の区間で考えて，あとは一般角に拡張すればよいことに気づくだろう。とりあえず，次の 2 つの関数のグラフを描いてみよう。

$$y = 2\sin\theta, \quad y = \cos\left(\theta - \frac{\pi}{6}\right)$$

第6章　三角関数と複素数平面

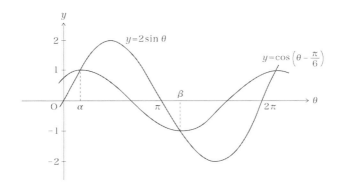

　上のグラフにおいて，2つの曲線の交点の θ 座標を α, β $(\alpha < \beta)$ とすれば，求める解は

$$\alpha + 2n\pi < \theta < \beta + 2n\pi \quad (n：整数)$$

となる．次に，θ に関する次の方程式を，0 以上 2π 未満の区間で解くことによって，α と β を求めてみよう．

$$2\sin\theta = \cos\left(\theta - \frac{\pi}{6}\right)$$

$$2\sin\theta = \cos\theta\cos\frac{\pi}{6} + \sin\theta\sin\frac{\pi}{6}$$

$$\frac{3}{2}\sin\theta - \frac{\sqrt{3}}{2}\cos\theta = 0$$

$$\frac{\sqrt{3}}{2}\sin\theta - \frac{1}{2}\cos\theta = 0$$

ここで，三角関数の合成公式を用いて，

$$\sin\left(\theta - \frac{\pi}{6}\right) = 0$$

$$\alpha = \frac{\pi}{6}, \quad \beta = \frac{7\pi}{6}$$

よって，本問題の解は
$$\frac{\pi}{6} + 2n\pi < \theta < \frac{7\pi}{6} + 2n\pi \quad (n：整数)$$

例題9 関数
$$y = \sin\theta\cos\theta + \sin\theta + \cos\theta$$
の最大値，最小値を求めよ。

解説 三角関数の問題に少し慣れてくると，
$$\sin\theta + \cos\theta = x$$
とおくと，
$$\sin\theta\cos\theta = \frac{x^2 - 1}{2}$$
と表せることに気づくだろう。もちろん，
$$\sin\theta + \cos\theta = \sqrt{2}\sin\left(\theta + \frac{\pi}{4}\right)$$
であるので，本問題は $-\sqrt{2} \leqq x \leqq \sqrt{2}$ であるとき，関数
$$y = \frac{x^2 - 1}{2} + x$$
の最大値，最小値を求める問題に帰着されるのである。
$$\frac{x^2 - 1}{2} + x = \frac{1}{2}(x^2 + 2x) - \frac{1}{2} = \frac{1}{2}(x + 1)^2 - 1$$
となるので，

　$x = -1$ のとき，y は最小値 -1 をとり，

$x = \sqrt{2}$ のとき,y は最大値 $\dfrac{2-1}{2} + \sqrt{2} = \dfrac{1}{2} + \sqrt{2}$ をとる。

例題 10 $x + y = \dfrac{2\pi}{3}, 0 \leqq x \leqq \dfrac{\pi}{2}$ のとき,
$$\sin x \sin y$$

の最大値,最小値を求めよ。

解説 この種の問題では仮定を用いて,変数が 1 つの関数の最大値,最小値を求める問題に帰着すると分かりやすくなるだろう。そこでまず例題 3 で示した,いわゆる「積和の公式」を用いて,

$$\sin x \sin y = -\dfrac{1}{2}\{\cos(x+y) - \cos(x-y)\}$$

が成り立つ。そして,仮定より $y = -x + \dfrac{2\pi}{3}$ なので,

$\sin x \sin y$
$$= -\dfrac{1}{2}\left\{\cos\left(x - x + \dfrac{2\pi}{3}\right) - \cos\left(x + x - \dfrac{2\pi}{3}\right)\right\}$$
$$= -\dfrac{1}{2}\left\{\cos\dfrac{2\pi}{3} - \cos\left(2x - \dfrac{2\pi}{3}\right)\right\}$$
$$= \dfrac{1}{4} + \dfrac{1}{2}\cos\left(2x - \dfrac{2\pi}{3}\right)$$

を得る。ここで仮定より,

$$-\dfrac{2\pi}{3} \leqq 2x - \dfrac{2\pi}{3} \leqq \dfrac{\pi}{3}$$

であるから,

$\sin x \sin y$ の最大値は $\dfrac{1}{4} + \dfrac{1}{2} = \dfrac{3}{4}$ $\left(x = \dfrac{\pi}{3},\ y = \dfrac{\pi}{3}\right)$

$\sin x \sin y$ の最小値は $\dfrac{1}{4} - \dfrac{1}{4} = 0$ $\left(x = 0,\ y = \dfrac{2\pi}{3}\right)$

が導かれる。

例題 11 中心が O, 半径が $\sqrt{5}$ の円周上の相異なる 2 点を P, Q とし, 弦 PQ の中点を M とするとき,

$$\overline{\mathrm{PQ}} + \overline{\mathrm{OM}}$$

の最大値を求めよ。ただし, 弦 PQ は直径ではないとする。

解説 下図のように, 二等辺三角形 OPQ の底角を θ とすると, 以下を得る。

$\overline{\mathrm{PQ}} = 2\sqrt{5} \cos\theta$
$\overline{\mathrm{OM}} = \sqrt{5} \sin\theta$
$\overline{\mathrm{PQ}} + \overline{\mathrm{OM}} = \sqrt{5}(2\cos\theta + \sin\theta)$

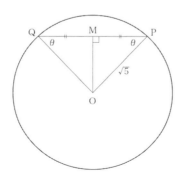

三角関数の合成公式より,
$$2\cos\theta + \sin\theta = \sqrt{5}\sin(\theta+\alpha)$$
と表せる。ただし,
$$\sin\alpha = \frac{2}{\sqrt{5}}, \quad \cos\alpha = \frac{1}{\sqrt{5}}, \quad 0 < \alpha < \frac{\pi}{2}$$

よって, $2\cos\theta + \sin\theta$ は, $\theta + \alpha = \dfrac{\pi}{2}$ のとき最大値 $\sqrt{5}$ をとる。したがって,
$$\overline{\text{PQ}} + \overline{\text{OM}} \text{ の最大値 } = \sqrt{5}\cdot\sqrt{5} = 5$$
となる。

なお, 本章は微分を扱うものではないが, 参考までに微分を扱うとどのような展開になるかについて, 簡単に触れておこう。いま,
$$\overline{\text{PM}} = x \ (0 < x < \sqrt{5}), \quad \overline{\text{PQ}} + \overline{\text{OM}} = y$$
とおくと, y は x の関数として次のように表される。
$$y = \sqrt{5-x^2} + 2x$$
y を x で微分すると,
$$y' = \frac{-2x}{2\sqrt{5-x^2}} + 2 = \frac{-x + 2\sqrt{5-x^2}}{\sqrt{5-x^2}}$$

上式において,
$$y' = 0 \Leftrightarrow 2\sqrt{5-x^2} = x$$
$$ \Leftrightarrow x = 2$$
が成り立つ。$x = 2$ のとき y は極大値 5 をとることが分かる。

例題12 図のような長方形 ABCD において，$\overline{\mathrm{AB}} = a$, $\overline{\mathrm{BC}} = 2a$ とする。辺 BC 上に，

$$\overline{\mathrm{AB}} + \overline{\mathrm{BP}} = \overline{\mathrm{PD}}$$

となる点 P をとるとき，$\tan \angle \mathrm{APD}$ の値を求めよ。ヒントとして，点 P から辺 AD に垂線を引き，その足（交点）を Q として考えるとよい。

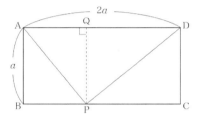

解説 本問題は補助線 PQ がものをいうのである。

$\overline{\mathrm{BP}} = x$, $\angle \mathrm{APQ} = \alpha$, $\angle \mathrm{DPQ} = \beta$ ……①

とおくと，

$\overline{\mathrm{PC}} = 2a - x$, $\angle \mathrm{PAB} = \alpha$, $\angle \mathrm{PDC} = \beta$ ……②

となる。ここで加法定理より，

$$\tan \angle \mathrm{APD} = \tan(\alpha + \beta)$$
$$= \frac{\tan \alpha + \tan \beta}{1 - \tan \alpha \tan \beta} \quad \cdots\cdots ③$$

また，① と ② より，

$$\tan \alpha = \frac{x}{a}, \quad \tan \beta = \frac{2a - x}{a} \quad \cdots\cdots ④$$

そして仮定より，$\overline{\mathrm{AB}} + \overline{\mathrm{BP}} = \overline{\mathrm{PD}}$ であるから，

$$a + x = \sqrt{(2a-x)^2 + a^2}$$
$$a^2 + 2ax + x^2 = 5a^2 - 4ax + x^2$$
$$4a^2 - 6ax = 0$$
$$2a(2a - 3x) = 0$$
$$x = \frac{2}{3}a \quad \cdots\cdots ⑤$$

が成り立つ。したがって，④ と ⑤ より

$$\tan\alpha = \frac{2}{3}, \quad \tan\beta = \frac{4}{3}$$

となるので，③ より次の結論を得る。

$$\tan\angle\mathrm{APD} = \frac{\dfrac{2}{3} + \dfrac{4}{3}}{1 - \dfrac{2}{3}\cdot\dfrac{4}{3}} = 18$$

例題 13　三角形 ABC において，$\angle B$ が鈍角ならば

$$\cos A - \cos B > \sin C$$

が成り立つことを証明せよ。ただし，$\angle A, \angle B, \angle C$ をそれぞれ A, B, C でも表すものとする。

解説　証明には直接は関係ないが，たとえば

$$A = \frac{\pi}{6}, \quad B = \frac{2\pi}{3}, \quad C = \frac{\pi}{6}$$

のとき，どのような状況になるかを調べてみよう。

$$\cos A = \frac{\sqrt{3}}{2}, \quad \cos B = -\frac{1}{2}, \quad \sin C = \frac{1}{2}$$

となるので,証明に関して「できる」という気持ちになるかもしれない。証明問題に取り組むとき,そのような気持ちで臨むことは意外と大切なことである。

さて例題 10 では,2 つの変数 x, y の問題を 1 つの変数 x の問題にして解決の糸口を見つけた。そこで本問題では,3 つの角 $\angle A, \angle B, \angle C$ の問題を 2 つの角の問題にすると,解決の糸口になるかもしれない。そのように考えると,

$C = \pi - A - B$

なので,$\angle B$ が鈍角のとき

$\cos A - \cos B > \sin(\pi - A - B)$

すなわち,$\angle B$ が鈍角のとき

$\cos A - \cos B > \sin(A + B)$ $\cdots\cdots(*)$

が成り立つことを証明すればよい。

($*$) において,加法定理より

$\sin(A + B) = \sin A \cos B + \cos A \sin B$

が成り立つ。また,$\angle B$ は鈍角なので,

$\cos B < 0, \quad 0 < \sin A < 1,$

$0 < \cos A < 1, \quad 0 < \sin B < 1$

も成り立つ。よって,

$\cos A > \cos A \sin B, \quad -\cos B > \sin A \cos B$

となるので,($*$) が証明されたことになる。

第 6 章　三角関数と複素数平面

例題 14　$0 \leqq \theta \leqq 2\pi$ のとき，次式が成り立つことを証明せよ．

$$\cos(\sin \theta) > \sin(\cos \theta)$$

解説　不等式の証明をするとき，一方から他方を引く計算をして，その結果が正あるいは負になることを示す方法は便利な場合も多くあり，よく用いられる．そこで，とりあえず和積の公式

$$\cos A - \cos B = -2\sin \frac{A+B}{2} \sin \frac{A-B}{2}$$

を用いて，与式の 左辺 − 右辺 を計算してみよう．

$\cos(\sin \theta) - \sin(\cos \theta)$

$= \cos(\sin \theta) - \cos\left(\cos \theta - \dfrac{\pi}{2}\right)$

$= -2 \sin \dfrac{\sin \theta + \cos \theta - \dfrac{\pi}{2}}{2} \sin \dfrac{\sin \theta - \cos \theta + \dfrac{\pi}{2}}{2}$

$= -2 \sin \left(\dfrac{\sin \theta + \cos \theta}{2} - \dfrac{\pi}{4}\right)$

$\qquad \times \sin \left(\dfrac{\sin \theta - \cos \theta}{2} + \dfrac{\pi}{4}\right)$

ここで，三角関数の合成公式を用いると，

$\text{上式右辺} = -2 \sin \left\{ \dfrac{\sqrt{2} \sin \left(\theta + \dfrac{\pi}{4}\right)}{2} - \dfrac{\pi}{4} \right\}$

$\qquad \times \sin \left\{ \dfrac{\sqrt{2} \sin \left(\theta - \dfrac{\pi}{4}\right)}{2} + \dfrac{\pi}{4} \right\}$

281

を得る。そして，

$$-1 \leqq \sin\theta \leqq 1$$

$$0.705 = \frac{1.41}{2} < \frac{\sqrt{2}}{2} < \frac{1.415}{2} < 0.71$$

$$0.785 = \frac{3.14}{4} < \frac{\pi}{4} < \frac{3.15}{4} = 0.7875$$

なので，

$$-\pi < \frac{\sqrt{2}\sin\left(\theta+\frac{\pi}{4}\right)}{2} - \frac{\pi}{4} < 0$$

$$0 < \frac{\sqrt{2}\sin\left(\theta-\frac{\pi}{4}\right)}{2} + \frac{\pi}{4} < \pi$$

が成り立つ。よって，

$$\sin\left\{\frac{\sqrt{2}\sin\left(\theta+\frac{\pi}{4}\right)}{2} - \frac{\pi}{4}\right\} < 0$$

$$\sin\left\{\frac{\sqrt{2}\sin\left(\theta-\frac{\pi}{4}\right)}{2} + \frac{\pi}{4}\right\} > 0$$

となるので，

$$\cos(\sin\theta) - \sin(\cos\theta) > 0$$

が導かれる。

余談であるが，1980 年代に筆者が慶應義塾大学の一般教養課程に勤めていたとき，θ に具体的な数値を代入した $\cos(\sin\theta)$, $\sin(\cos\theta)$, $\cos(\cos\theta)$, $\sin(\sin\theta)$ の大小を比較する入試問題が出題された。このときの思い出は忘れられない。

3節　複素数平面

　高校数学のカリキュラムは，昔は数学 I，II，III というように系統的になっていた。それがいつの間にか数学 I，II，III，A，B，C というようなアラカルト方式になった。それ以降，視覚的に複素数を捉える複素数平面に関しては，削除されたり，数 II に入ったり，数 B に入ったり，というような扱いになった。しかし，大学の数学で学ぶ代数学の基本定理，大学の工学で学ぶ翼の設計や電気などを見ても，複素数平面は疎かにすべきものではない。そのような経緯を踏まえて，複素数平面全般をよく理解するための演習問題を揃えてある。

例題 1　$z + \dfrac{4}{z} = 2$ のとき，$\dfrac{1}{z^2}$ を極形式で表せ。

解説　$z + \dfrac{4}{z} = 2$ から，次の 2 次方程式を得る。

$$z^2 - 2z + 4 = 0$$

よって，解の公式より，

$$z = 1 \pm \sqrt{3}i \quad (i = \sqrt{-1})$$

$$z = 2\left(\cos\frac{\pi}{3} + i\sin\frac{\pi}{3}\right)$$

$$\text{または } 2\left(\cos\frac{-\pi}{3} + i\sin\frac{-\pi}{3}\right)$$

$$z^2 = 4\left(\cos\frac{2\pi}{3} + i\sin\frac{2\pi}{3}\right)$$

または $4\left(\cos\dfrac{-2\pi}{3}+i\sin\dfrac{-2\pi}{3}\right)$

$\dfrac{1}{z^2} = \dfrac{1}{4}\left(\cos\dfrac{-2\pi}{3}+i\sin\dfrac{-2\pi}{3}\right)$

または $\dfrac{1}{4}\left(\cos\dfrac{2\pi}{3}+i\sin\dfrac{2\pi}{3}\right)$

$\dfrac{1}{z^2} = \dfrac{1}{4}\left(\cos\dfrac{4\pi}{3}+i\sin\dfrac{4\pi}{3}\right)$

または $\dfrac{1}{4}\left(\cos\dfrac{2\pi}{3}+i\sin\dfrac{2\pi}{3}\right)$

例題2 複素数平面上で,複素数 z と $(1+i)z$ を表す点をそれぞれ A,B とする。$z \neq 0$ ならば,A,B,O(原点)を頂点とする三角形 ABO は直角二等辺三角形になることを証明せよ。

解説 三角形 ABO の各辺の長さは,以下のようになる。

$\overline{\mathrm{OA}} = |z|$

$\overline{\mathrm{OB}} = |(1+i)z| = |1+i|\cdot|z| = \sqrt{2}|z|$

$\overline{\mathrm{AB}} = |(1+i)z - z| = |iz| = |i|\cdot|z| = |z|$

したがって三角形 ABO は,辺の比が

$1 : \sqrt{2} : 1$

の二等辺三角形となり,また三平方の定理の逆により直角三角形でもある。

一方,z に

$1 + i = \sqrt{2}\left(\cos\dfrac{\pi}{4}+i\sin\dfrac{\pi}{4}\right)$

を掛ける意味から，線分 OB の長さは線分 OA の長さの $\sqrt{2}$ 倍であるばかりでなく，$\angle \text{BOA} = \dfrac{\pi}{4}$ であることも分かる。もちろん，これを用いてもよい。

例題3 次の方程式を解け。
$$x^6 + 1 = 0$$

解説 2章2節の高次方程式に本問を含めてもよいかもしれないが，高次方程式は1次方程式や2次方程式と違って「運よく解けるもの」だけを扱っていることに留意したい。

因数分解をよく学んだ方ならば，
$$x^6 + 1 = (x^2 + 1)(x^4 - x^2 + 1)$$
であることは気づくだろう。そこで以下，$x^2 + 1 = 0$ と $x^4 - x^2 + 1 = 0$ の2つの場合に分けて考えよう。

・$x^2 + 1 = 0$ の場合

明らかに $x = \pm i$ を得る。

・$x^4 - x^2 + 1 = 0$ の場合

2次方程式の解の公式より，
$$x^2 = \dfrac{1 \pm \sqrt{3}i}{2}$$
となる。そこで，
$$x = r(\cos\theta + i\sin\theta)$$
とおいて（r: 絶対値，θ: 偏角），複素数平面上で考えよう。
$$x^2 = r^2(\cos 2\theta + i\sin 2\theta)$$
$$r^2 = \left|\dfrac{1 \pm \sqrt{3}i}{2}\right| = 1, \quad 2\theta = \dfrac{\pi}{3} + 2m\pi, \quad \dfrac{5\pi}{3} + 2m\pi$$

となるので(m: 整数),

$$r = 1 \ (r > 0), \quad \theta = \frac{\pi}{6} + m\pi, \quad \frac{5\pi}{6} + m\pi$$

$$x = \cos\frac{\pi}{6} + i\sin\frac{\pi}{6}, \quad \cos\frac{5\pi}{6} + i\sin\frac{5\pi}{6},$$

$$\cos\frac{7\pi}{6} + i\sin\frac{7\pi}{6}, \quad \cos\frac{11\pi}{6} + i\sin\frac{11\pi}{6}$$

$$x = \frac{\sqrt{3}}{2} + \frac{i}{2}, \quad -\frac{\sqrt{3}}{2} + \frac{i}{2}, \quad -\frac{\sqrt{3}}{2} - \frac{i}{2}, \quad \frac{\sqrt{3}}{2} - \frac{i}{2}$$

を得る。

ところで,$\boldsymbol{C}$ を複素数全体の集合とするとき,次の有名な定理がある(証明は拙著『新体系・大学数学入門の教科書(下)』(講談社ブルーバックス)を参照)。

[定理(代数学の基本定理)]

複素数係数の n 次方程式

$$f(z) = a_0 z^n + a_1 z^{n-1} + \cdots + a_{n-1} z + a_n = 0 \quad (a_0 \neq 0)$$

は,重複度も含めてちょうど n 個の解(根)を $\boldsymbol{C}$ の中にもつ。

一方,$a_i \ (i = 0, 1, 2, \cdots, n)$ を有理数とする n 次方程式

$$a_0 x^n + a_1 x^{n-1} + a_2 x^{n-2} + \cdots + a_{n-1} x + a_n = 0 \quad (a_0 \neq 0)$$

のすべての根が,$a_i \ (i = 0, 1, 2, \cdots, n)$ の四則演算と根号記

号 $\sqrt[r]{}$ で表せるとき,この方程式は「(代数的に)解ける」という。

2次方程式は「解(根)の公式」によって一般的に解ける。また,3次方程式は「カルダノ (1501-1576) の解法」によって一般的に解ける。さらに,4次方程式は「フェラリ (1522-1565) の解法」によって一般的に解ける。そしてアーベル (1802-1829) は,5次(以上の)方程式は一般的には解けないことを示した。ガロア (1811-1832) のいわゆる「ガロア理論」は,「解ける n 次方程式」と「解けない n 次方程式」の本質的な違いについてまとめた研究である(拙著『今度こそわかるガロア理論』(講談社) を参照)。

例題3は,「解くことができる6次方程式」の一例を挙げたものと言えよう。

例題 4 2つの複素数

$$z_1 = r_1(\cos\theta_1 + i\sin\theta_1), \quad z_2 = r_2(\cos\theta_2 + i\sin\theta_2)$$

に対し,次式が成り立つことを証明せよ。

$$|z_1 + z_2| = \sqrt{r_1{}^2 + r_2{}^2 + 2r_1 r_2 \cos(\theta_1 - \theta_2)}$$

解説 次式を証明すればよい。

$$(z_1 + z_2)(\overline{z_1 + z_2}) = r_1{}^2 + r_2{}^2 + 2r_1 r_2 \cos(\theta_1 - \theta_2)$$

まず,

$$\text{上式左辺} = (z_1 + z_2)(\overline{z_1} + \overline{z_2})$$
$$= z_1\overline{z_1} + z_2\overline{z_2} + z_1\overline{z_2} + z_2\overline{z_1}$$

が成り立つ。そして,

$$z_1 \overline{z_1} = r_1(\cos\theta_1 + i\sin\theta_1) \cdot \overline{r_1(\cos\theta_1 + i\sin\theta_1)}$$
$$= r_1(\cos\theta_1 + i\sin\theta_1) \cdot r_1\{\cos(-\theta_1) + i\sin(-\theta_1)\}$$
$$= r_1{}^2$$

同様にして,
$$z_2 \overline{z_2} = r_2{}^2$$
が成り立つので,
$$z_1\overline{z_2} + z_2\overline{z_1} = 2r_1 r_2 \cos(\theta_1 - \theta_2)$$
を示せばよい。実際,
$$z_1\overline{z_2} + z_2\overline{z_1}$$
$$= r_1(\cos\theta_1 + i\sin\theta_1) \cdot r_2\{\cos(-\theta_2) + i\sin(-\theta_2)\}$$
$$+ r_1\{\cos(-\theta_1) + i\sin(-\theta_1)\} \cdot r_2(\cos\theta_2 + i\sin\theta_2)$$
$$= r_1 r_2 \begin{pmatrix} \cos\theta_1 \cos\theta_2 - i\cos\theta_1 \sin\theta_2 \\ + i\sin\theta_1 \cos\theta_2 + \sin\theta_1 \sin\theta_2 \\ + \cos\theta_1 \cos\theta_2 + i\cos\theta_1 \sin\theta_2 \\ - i\sin\theta_1 \cos\theta_2 + \sin\theta_1 \sin\theta_2 \end{pmatrix}$$
$$= 2r_1 r_2 (\sin\theta_1 \sin\theta_2 + \cos\theta_1 \cos\theta_2)$$
$$= 2r_1 r_2 \cos(\theta_1 - \theta_2)$$
が成り立つ。なお最後の等式では,加法定理を用いている。

例題 5 3つの複素数 x, y, z が

$$|x| = |y| = |z| = 1, \quad x + y + z \neq 0$$

を満たすとき,次式が成り立つことを証明せよ。

$$\left| \frac{xy + yz + zx}{x + y + z} \right| = 1$$

解説 $|x|=|y|=|z|=1$ のとき,
$$\overline{x}=\frac{1}{x}, \quad \overline{y}=\frac{1}{y}, \quad \overline{z}=\frac{1}{z}$$

が成り立つので,

$$\left(\frac{xy+yz+zx}{x+y+z}\right)\overline{\left(\frac{xy+yz+zx}{x+y+z}\right)}$$
$$=\left(\frac{xy+yz+zx}{x+y+z}\right)\left(\frac{\overline{xy}+\overline{yz}+\overline{zx}}{\overline{x}+\overline{y}+\overline{z}}\right)$$
$$=\left(\frac{xy+yz+zx}{x+y+z}\right)\left(\frac{\dfrac{1}{xy}+\dfrac{1}{yz}+\dfrac{1}{zx}}{\dfrac{1}{x}+\dfrac{1}{y}+\dfrac{1}{z}}\right)$$
$$=\left(\frac{xy+yz+zx}{x+y+z}\right)\left(\frac{\dfrac{x+y+z}{xyz}}{\dfrac{xy+yz+zx}{xyz}}\right)$$
$$=\left(\frac{xy+yz+zx}{x+y+z}\right)\left(\frac{x+y+z}{xy+yz+zx}\right)=1$$

となるので,

$$\left|\frac{xy+yz+zx}{x+y+z}\right|=\sqrt{1}=1$$

を得る。

例題 6 z は $|z|=1$, $z^2 \neq -1$ を満たす複素数とするとき,

$$\frac{z}{1+z^2}$$

は実数になることを証明せよ。

解説 一般に複素数 x について,

　x は実数 $\Leftrightarrow$ $x = \overline{x}$

が成り立つ。そこで,

$$\overline{\left(\frac{z}{1+z^2}\right)} = \frac{\overline{z}}{1+\overline{z}^2} = \frac{\dfrac{1}{z}}{1+\left(\dfrac{1}{z}\right)^2}$$

$$= \frac{\dfrac{1}{z}}{\dfrac{z^2+1}{z^2}} = \frac{z}{1+z^2}$$

が成り立つので,結論は証明されたことになる。

例題 7 2つの複素数 w, z について,
$|w|=|z|=|w+z|=1$ を満たすならば, $w^3 = z^3$ が成り立つことを証明せよ。

解説 複素数平面上で直観的に考えると,仮定を満たす状況は次のようなグラフか, w と z の位置を入れ替えたグラフのどちらかである。

第 6 章　三角関数と複素数平面

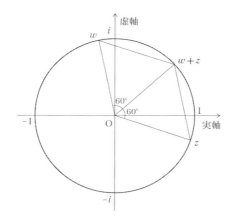

　なぜならば，複素数平面上で $w, z, w+z$ が表す点をそれぞれ A, B, C とすると，四角形 AOBC は平行四辺形で，A, B, C は中心 O，半径 1 の円周上の点である。それゆえ，上述のことが成り立たなければならない。

　上のグラフの場合，
$$z = \cos\theta + i\sin\theta$$
とおくと，
$$w = \cos\left(\theta + \frac{2\pi}{3}\right) + i\sin\left(\theta + \frac{2\pi}{3}\right)$$
となる。そして，
$$w^3 = \cos(3\theta + 2\pi) + i\sin(3\theta + 2\pi)$$
$$= \cos 3\theta + i\sin 3\theta = z^3$$
を得ることになる。

　次に，直観的な図に頼らない証明を考えてみよう。仮定より，明らかに $w \neq z$ である。そこで，

$$w^3 - z^3 = (w-z)(w^2 + wz + z^2)$$
を踏まえると，本問題では
$$w^2 + wz + z^2 = 0$$
が成り立つことを目指せばよいのである。

仮定より $|w+z| = 1$ であるから，
$$|w+z|^2 = 1$$
$$(w+z)(\overline{w+z}) = 1$$
$$(w+z)(\overline{w} + \overline{z}) = 1$$
$$w\overline{w} + z\overline{z} + w\overline{z} + z\overline{w} = 1 \quad \cdots\cdots (*)$$
ここで，$|w| = |z| = 1$ より
$$\overline{w} = \frac{1}{w}, \quad \overline{z} = \frac{1}{z}$$
である。これらを $(*)$ に代入すると，以下を順に得る。
$$1 + 1 + \frac{w}{z} + \frac{z}{w} = 1$$
$$\frac{w^2 + wz + z^2}{wz} = 0$$
$$w^2 + wz + z^2 = 0$$

例題 8 a, b, c は $a > b > c > 0$ を満たす実数とする。α を 2 次方程式
$$ax^2 + bx + c = 0$$
の解とすると，α が実根でも虚根であっても，$|\alpha| < 1$ が成り立つことを証明せよ。

解説　まず解の公式より，

$$\alpha = \frac{-b \pm \sqrt{b^2 - 4ac}}{2a}$$

以下，α が実根の場合と α が虚根の場合に分けて考えよう。

・α が実根すなわち $b^2 - 4ac \geqq 0$ の場合

$$b = \sqrt{b^2} > \sqrt{b^2 - 4ac} \geqq 0$$

であるから，

$$|\alpha| < \frac{|-b-b|}{2a} = \frac{b}{a} < 1$$

が導かれる。

・α が虚根すなわち $b^2 - 4ac < 0$ の場合

$$-b \pm \sqrt{b^2 - 4ac} = -b \pm \sqrt{4ac - b^2}\,i$$

$$\left|-b \pm \sqrt{4ac - b^2}\,i\right|^2 = b^2 + 4ac - b^2 = 4ac$$

であるから，

$$|\alpha| = \frac{\sqrt{4ac}}{2a} < \frac{\sqrt{4a^2}}{2a} = 1$$

が導かれる。

　以上から本問題は証明されたのであるが，このような大小を比較する問題では全体を見渡して，小さい部分はあまり気にしないで，大きい部分に意識を傾けて問題に取り組むとよい場合が普通である。

例題 9　3 つの複素数 α, β, γ が

$$\alpha\beta > 0, \quad \alpha\gamma < 0, \quad \beta\gamma > 0$$

を満たすならば，α, β, γ はすべて純虚数になることを証明せよ．

解説 たとえば γ が純虚数であることを示すためには，$\gamma^2 < 0$ を示せばよい．仮定にある 3 つの不等式から，それを導けないかを考えてみると以下に気づく．

仮定にある 3 つの不等式を辺々掛け合わせると，
$$\alpha^2 \beta^2 \gamma^2 < 0 \quad \cdots\cdots ①$$
を得る．また，仮定にある不等式 $\alpha\beta > 0$ の両辺を 2 乗すると，
$$\alpha^2 \beta^2 > 0 \quad \cdots\cdots ②$$
を得る．そこで ① と ② より $\gamma^2 < 0$ が導かれるので，γ は純虚数になる．

同様にして，仮定にある不等式 $\alpha\gamma < 0$ の両辺を 2 乗すると $\alpha^2 \gamma^2 > 0$，仮定にある不等式 $\beta\gamma > 0$ の両辺を 2 乗すると $\beta^2 \gamma^2 > 0$，をそれぞれ得る．そこで ① を参考にすれば，順に
$$\beta^2 < 0, \quad \alpha^2 < 0$$
が導かれるので，β, α も純虚数になる．

もっとも，γ が純虚数になることが分かれば，
$$\alpha\gamma < 0, \quad \beta\gamma > 0$$
を踏まえると，α も β も純虚数でなければならないのである．純虚数でない複素数 $a + bi\ (a \neq 0)$ に純虚数を掛けると，実数にならないからである．

第6章 三角関数と複素数平面

例題 10　複素数 $z = x + iy$ が複素数平面上の単位円（原点中心，半径 1 の円）を動くとき，
$$w = \frac{1-i}{z}$$
はどのような図形を描くか。

解説　まず，z を単位円上の任意の点として，z の偏角を θ とすると，

$z = \cos\theta + i\sin\theta$

とおくことができる。そして，

$$1 - i = \sqrt{2}\left(\cos\frac{7\pi}{4} + i\sin\frac{7\pi}{4}\right)$$

であるから，

$$w = \frac{1-i}{z}$$
$$= \frac{\sqrt{2}\left(\cos\dfrac{7\pi}{4} + i\sin\dfrac{7\pi}{4}\right)}{\cos\theta + i\sin\theta}$$
$$= \sqrt{2}\left\{\cos\left(-\theta + \frac{7\pi}{4}\right) + i\sin\left(-\theta + \frac{7\pi}{4}\right)\right\}$$

を得る。z が単位円上のすべての点を動くとき，θ はすべての角を動くから，w が描く図形は，原点が中心で半径が $\sqrt{2}$ の円となる。

例題 11　複素数 $z = x + iy$ が直線 $y = 1$ 上を動くとき,

$$w = z^2$$

はどのような図形を描くか。$w = X + iY$ とおいて，XY 座標平面上で論ぜよ。

解説　$z = x + iy$ が直線 $y = 1$ 上を動くとき,
$$w = (x + i)^2 = x^2 + 2xi - 1$$
となるので,
$$X = x^2 - 1, \quad Y = 2x$$
が導かれる。ここで，$x = \dfrac{Y}{2}$ であるから,

$$X = \left(\frac{Y}{2}\right)^2 - 1$$

$$X = \frac{Y^2}{4} - 1$$

を得る。z が直線 $y = 1$ 上のすべての点を動くとき，x はすべての実数を動くから，Y もすべての実数を動く。したがって，求める図形は下図で示された放物線である。

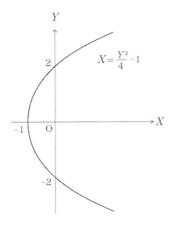

なお，分かりにくい面があれば，はじめに
　　$x = 0, 1, -1, 2, -2, \cdots$
というように，すなわち具体的に
　　$z^2 = i^2, (1+i)^2, (-1+i)^2, (2+i)^2, (-2+i)^2, \cdots$
はどうなるかを調べてみてもよいだろう。

さくいん

【記号・数字・アルファベット】

{ }	63
$\pm$	25
$\mp$	25
$\emptyset$	63, 149
$\in$	62
$\ni$	62
$\notin$	62
$\not\ni$	62
$\cap$	62, 149
$\cup$	62, 149
$\subseteq$	63
$\supseteq$	63
$\Rightarrow$	36, 63
$\Leftrightarrow$	36
$|\ |$	21, 252
θ	252
Σ	196, 227
Σ の性質	196
1 対 1 の写像	95
2 次方程式の解の公式	59
2 倍角の公式	248
3 乗根	61
$\bar{A}$	63
arg	252
cos	238, 242
D	59, 75
$g \circ f$	95
i	58
$\log_a M$	191
$_nC_r$	147, 153
$_nP_r$	146, 147, 153
n 乗根	188
$\bar{p}$	63
R	64
sin	238, 242
tan	238, 242
$y = \log_a x$	192

【あ行】

アーギュメント	252
アーベル	287
相異なる n 個のものの円順列の総数	148
余り	26
ある～	84
一意性	157
一意的	20
一般角	242
一般項	194, 下 90
因数定理	61
因数分解	24, 42
上に凸	98, 下 140
上への 1 対 1 の写像	96
上への写像	95
裏	64
円順列	148
円の方程式	94

さくいん

| 表 | 64 |

【か行】

階差数列	197
回転の角	242
解と係数の関係	60
解（根）の公式	287, 下 59
外分	92, 下 20
ガウス平面	250
合併集合	62
加法定理	247, 267
カルダノの解法	287
ガロア理論	287
関数	94
完全平方式	25
偽	63
奇関数	247, 下 207
期待値	150, 下 272
帰納的定義	197
逆	64
逆関数	138, 140
逆写像	96
既約分数式	27
共通集合	62
共通部分	62
共役な複素数	58
極形式	253
虚根	60
虚軸	250
虚数	58
虚数解	60
虚数単位	58
偶関数	247, 下 207
空事象	148
空集合	62
組合せ	147
組合せ記号	153
係数	23
結合法則	21, 下 14, 下 16
元	62
項	23, 194
交換法則	21, 下 14
公差	194
高次方程式	60
項数	195
合成写像	95
恒等式	65
公比	194
降べきの順	24, 43
コサイン	238
弧度法	243
根元事象	149

【さ行】

最小公倍数	27
最小値	97
最大公約数	27
最大値	97
サイン	238
三角関数	242
三角関数の合成公式	249, 264, 267, 277, 下 182
三角比	238
シグマ	196
試行	148
事象	148
次数	23
指数関数	190

指数法則	189
始線	242
下に凸	98, 下140
実根	59
実軸	250
実数	21, 250
実数解	59
写像	94
重解	59
周期	246, 247
周期関数	246, 247
集合	62
重根	59
従属	151
十分条件	64, 84
循環小数	21
純虚数	58, 250
順列	146
順列記号	153
商	26
条件つき確率	150
条件命題	64
昇べきの順	24
乗法定理	151
常用対数	192
剰余定理	61
初項	194, 下93
真	63
真数	191
真数条件	202
垂直	93, 下19
数学的帰納法	193, 220, 下78
数列	194, 227, 下90
すべての〜	84
正弦	238, 242
正弦定理	240
整式	23, 43, 53
整式を整理する	23
整数	28
正接	238, 242
正の解	74
正の平方根	21
積事象	149
積の法則	146
積和の公式	266, 275, 下203
接線の方程式	118, 下131
絶対値	21, 252
漸化式	197
漸近線	98, 下11
線形計画問題	109, 111
全事象	148, 149
全体集合	63
素因数分解	20
像	94
相加平均	60
双曲線	98, 下8, 下10, 下35
相乗平均	60
属する	62
素数	20

【た行】

第1項	194
第1象限	92, 下268
第2項	194
第2象限	92
第3項	194
第3象限	92
第4象限	92
第n項	194, 下93

対偶	64
対称式	53
対数	191
代数学の基本定理	286
対数関数	192
互いに素	27, 33
多項式	23, 53
たすき掛け	26, 77, 下 59
単項式	23
タンジェント	238
値域	95
重複順列	147
直線の方程式	93
直角双曲線	98
通分	27
底	191
定義域	95
定数項	23
展開	24
点と直線の距離	93
動径	242, 下 11
等差数列	194
等差数列の和の公式	195
同値	36, 64, 84
等比数列	194
等比数列の和の公式	196
同様に確からしい	149
同類項	23
トークン	28
独立	151
独立事象の乗法定理	151
（代数的に）解ける	287
凸 n 角形	158
凸多角形	156
ド・モアブルの定理	254

【な行】

内分	92, 下 20
ならば	36, 63
二項係数	148
二項定理	148
二重根号	22
二重根号を外す	22

【は行】

倍数	26
排反	149
排反事象	149
背理法	21, 32, 45
鳩の巣原理	159
半角の公式	248, 264, 269
反復試行	151
反復試行の確率	152, 下 272
判別式	59, 75
必要十分条件	64, 84
必要条件	64, 84
否定	63
非負	75
フェラリの解法	287
複号	25
複素数	58, 250, 下 34
複素数平面	250
不定	68
不能	68
負の平方根	21
部分集合	63
部分分数	232
分子	27

分数関数	98, 138		約分	27
分数式	27		有限小数	21
分配法則	21		有限数列	195
分母	27		有理化	22
平行	93		有理関数	232, 下 204
平方根	21, 188		有理式	27, 232
ヘロンの公式	241, 下 70		有理数	20, 32
偏角	252, 下 11		要素	62
変数	64		余弦	238, 242
補集合	63		余弦定理	240, 255, 261
			余事象	149
			余事象の確率	150

【ま行】

交わり	62
末項	195
無限数列	195
結び	62
無理関数	99, 138
無理数	21
命題	63

【や行】

約数	26

【ら・わ行】

ラジアン	243, 264
立方根	61, 188
累乗根	188
和事象	149
和事象の確率	150
和集合	62
和積の公式	249, 267, 269
和の法則	146
割り切れる	26

N.D.C.410　　302p　　18cm

ブルーバックス　B-2292

いかにして解法を思いつくのか
「高校数学」　上

2025年4月20日　第1刷発行

著者	芳沢光雄	
発行者	篠木和久	
発行所	株式会社講談社	
	〒112-8001 東京都文京区音羽2-12-21	
電話	出版	03-5395-3524
	販売	03-5395-5817
	業務	03-5395-3615
印刷所	(本文印刷) 株式会社KPSプロダクツ	
	(カバー表紙印刷) 信毎書籍印刷株式会社	
本文データ制作	藤原印刷株式会社	
製本所	株式会社国宝社	

定価はカバーに表示してあります。
©芳沢光雄　2025, Printed in Japan
落丁本・乱丁本は購入書店名を明記のうえ、小社業務宛にお送りください。送料小社負担にてお取替えします。なお、この本についてのお問い合わせは、ブルーバックス宛にお願いいたします。
本書のコピー、スキャン、デジタル化等の無断複製は著作権法上での例外を除き禁じられています。本書を代行業者等の第三者に依頼してスキャンやデジタル化することはたとえ個人や家庭内の利用でも著作権法違反です。

ISBN978-4-06-539311-6

発刊のことば――科学をあなたのポケットに

二十世紀最大の特色は、それが科学時代であるということです。科学は日に日に進歩を続け、止まるところを知りません。ひと昔前の夢物語もどんどん現実化しており、今やわれわれの生活のすべてが、科学によってゆり動かされているといっても過言ではないでしょう。

そのような背景を考えれば、学者や学生はもちろん、産業人も、セールスマンも、ジャーナリストも、家庭の主婦も、みんなが科学を知らなければ、時代の流れに逆らうことになるでしょう。

ブルーバックス発刊の意義と必然性はそこにあります。このシリーズは、読む人に科学的に物を考える習慣と、科学的に物を見る目を養っていただくことを最大の目標にしています。そのためには、単に原理や法則の解説に終始するのではなくて、政治や経済など、社会科学や人文科学にも関連させて、広い視野から問題を追究していきます。科学はむずかしいという先入観を改める表現と構成、それも類書にないブルーバックスの特色であると信じます。

一九六三年九月

野間省一